装修全方位之重点突破系列

全彩突破
装修水电必会计算

阳鸿钧　等编著

机械工业出版社

有言道"不懂计算就别混了"。试想，水电工不会计算工酬，结果可能会出现劳动与收获不对称；不会相关操作的计算，意味着作业精准度会偏差大，落入外行的行列；不会选材用量计算，意味着浪费材料造价增多。可见，计算对装修水电工有着不可替代的重要性。同时，对于从事与水电有关的业务或者工作的人，也是如此。为此，突破水电计算，势在必行。本书从实战的角度出发进行介绍，从相关计算、水电基础计算、水电业务计算、水电技能计算、家装水电技能计算、店装水电技能计算、公装水电技能计算等进行了计算的通法、经验、技巧、举例等知识的介绍。本书适合装饰水电工、物业水电工以及其他电工、社会青年、进城务工人员、建设单位相关人员、相关院校师生、培训学校师生、家装工程监理人员、灵活就业人员、给排水技术人员、新农村家装建设人员等参考阅读。

图书在版编目（CIP）数据

全彩突破装修水电必会计算 / 阳鸿钧等编著 . —北京：机械工业出版社，2018.3
（装修全方位之重点突破系列）

ISBN 978-7-111-60427-3

Ⅰ．①全… Ⅱ．①阳… Ⅲ．①房屋建筑设备 - 给排水系统 - 建筑安装 ②房屋建筑设备 - 电气设备 - 建筑安装 Ⅳ．① TU82 ② TU85

中国版本图书馆 CIP 数据核字（2018）第 154712 号

机械工业出版社（北京市百万庄大街 22 号 邮政编码 100037）
策划编辑：张俊红　　责任编辑：朱 林
责任校对：佟瑞鑫　　封面设计：马精明
责任印制：张 博
北京东方宝隆印刷有限公司印刷
2018 年 9 月第 1 版第 1 次印刷
145mm×210mm · 5.625 印张 · 225 千字
标准书号：ISBN 978-7-111-60427-3
定价：35.00 元

前 言
Preface

　　水电技能的应用是装修工程中不可或缺的环节，同时也是具有技术含量、不可马虎学习的一项技能。其中的计算技能，对于水电工而言，非常重要。试想，水电工不会计算工酬，结果可能会出现劳动与收获不对称。不会相关操作的计算，意味着作业精准度会偏差大，落入外行的行列。不会选材用量计算，意味着浪费材料造价增多。

　　另外，对于从事与水电有关的业务或者工作的人，也是如此。为此，突破水电计算，势在必行。

　　本书本着为工酬而算、为选材而算、为预算而算、为结算而算、为采购而算、为操作而算等要求，全面介绍水电工那些必知必会的计算，从而使水电工无论是在水电业务上，还是在技能操作上，均能够驾驭相关计算问题。

　　本书由6章组成，第1章为快学快用——相关计算，第2章为一点就通——水电基础计算，第3章为学懂就赚——水电业务计算，第4章为成就行家里手——水电技能计算，第5章为轻松突破——家装水电技能计算，第6章为轻松突破——店装、公装水电技能计算。

　　总之，本书内容丰富、通俗易懂、全彩印刷、理论与实际结合、经验与通法并举。

　　本书适合装饰水电工、物业水电工以及其他电工、社会青年、进城务工人员、建设单位相关人员、相关院校师生、培训学校师生、家装工程监理人员、灵活就业人员、给排水技术人员、新农村家装建设人员等参考阅读。

　　本书由阳许倩、阳鸿钧、阳育杰、许小菊、阳红珍、欧凤祥、阳苟妹、唐忠良、任亚俊、阳红艳、唐许静、欧小宝、阳梅开、任俊杰、许秋菊、许满菊、许应菊、许四一、任志、阳利军、罗小伍等人员参加或支持了编写工作。

　　本书编写过程中，另外还得到了其他同志的支持，在此表示感谢。本书涉及一些厂家的产品，同样表示感谢。另外，本书在编写过程中参考了相关人士的相关技术资料，部分参考文献，因原始出处不详等原因暂未列出，期待再版时完善，在此也向他们表示感谢。

　　需要特别说明的是，书中所列写出的各种元器件和零部件的价格，包括很多工价的报价与计算等，都是作者以自身所在地本书成稿时的这些产品与服务的均价来计算的。由于我国幅员辽阔，且各地经济发展水平之间亦各有差异，所以书中给出的价格仅供参考，用以说明计算思路即可，这点请广大读者引起注意。

　　由于时间有限，书中难免存在不足之处，敬请广大读者批评指正。

编　者

目 录
Contents

前言

第3章 学懂就赚——水电业务计算 | 40

第4章 成就行家里手——水电技能计算 | 83

第 1 章

快学快用——相关计算

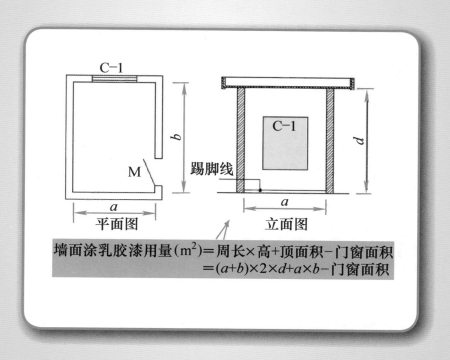

墙面涂乳胶漆用量(m^2)＝周长×高+顶面积－门窗面积
＝$(a+b)×2×d+a×b-$门窗面积

1.1 装修墙面涂乳胶漆用量的计算

家装墙面涂乳胶漆的包装容量基本分为5L、15L等规格。其中，家装常用的5L容量的乳胶漆，理论涂刷面积为两遍35m²，即35m²/桶。

家装墙面涂乳胶漆用量的计算，可以估算，也可以精算。

1. 估算窍算

估算窍算技法如下：

地面面积 ×2.5÷35m²/桶 = 使用桶数

tips：墙面面积与地面面积的估算——通常层高2.8m，墙面面积为地面面积的2.2~2.5倍。

2. 精算窍算

精算窍算技法如下：

（房间长 + 房间宽）×2× 房高
= 墙面面积（含门窗面积）

房间长 × 房间宽
= 顶面面积（即天棚面积）

（墙面面积 + 顶面面积 − 门窗面积）
÷35m²/桶 = 使用桶数

【举例1】 装修一间长5m、宽3m、高2.9m的房间，房间内墙、房间顶均涂乳胶漆，则需要5L容量的乳胶漆多少桶？

解：该装修房墙面面积：

（5m+3m）×2×2.9m=46.4m²

该装修房顶面面积：

5m×3m=15m²

乳胶漆需要的桶数：

（46.4m²+15m²）÷35m²/桶≈1.75（桶）

【举例2】 装修一间长5m，宽4m，高2.7m的房间，门窗面积为4.5m²计算室内的墙、天棚涂刷面积是多少，以及需要购置5L装涂料多少桶？

解：

墙面面积：

（5m+4m）×2×2.7m = 48.6m²（含门窗面积4.5m²）

天棚面积：

5m×4m = 20m²

涂料量：

（48.6m²+20m² − 4.5m²）÷35m²/桶≈1.83（桶）

实际需购置5L装的涂料2桶，余下可作备用。

3. 看图秒算

家装墙面涂乳胶漆用量看图秒算如图1-1所示。

墙面涂乳胶漆用量(m²)= 周长×高+顶面面积-门窗面积
=(a+b)×2×d+a×b-门窗面积

图1-1　装修墙面涂乳胶漆用量看图秒算

4. 简单秒算

简单秒算的方法如下：

房间面积（m²）除以4，需要粉刷的墙壁高度（dm）除以4，两者的得数相加便是所需要涂料的公斤数。

【举例3】 装修一间房间面积为20m²，墙壁高度为2.8m，则需要乳胶漆多少千克？

解：

（20÷4）+（28÷4）=12（千克）

即12千克涂料可以粉刷墙壁两遍。

tips：以上只是理论涂刷量，因在施工过程中涂料要加入适量清水。如果涂刷效果不佳时需要补刷。因此，以上用量只是最低涂刷量，实际购买时应在精算的数量上留有余地。

5. 经验估算

1.2 装修地砖铺贴数量的计算

常见地砖规格有 0.6m×0.6m、0.5m×0.5m、0.4m×0.4m、0.3m×0.3m等。家装地砖铺贴数量的计算，可以估算，也可以精算。

1. 估算窍算

如果考虑损耗量，则估算窍算技法如下：

房间地面面积 ÷ 每块地砖面积 ×（1+10%）= 用砖数量

式中 10%——增加的损耗量。

2. 精算窍算

精算窍算技法如下：
（房间长度 ÷ 砖长）×（房间宽度 ÷ 砖宽）= 用砖数量

【举例1】 装修一间长 7m、宽5m 的房间，采用 0.3m×0.3m 规格的地砖，则需要地砖多少块？

解：

房间长 7m ÷ 砖长 0.3m=24块，

房间宽 5m ÷ 砖宽 0.3m=17块

则用砖总量为：

长 24 块 × 宽 17 块 = 用砖总量408块

【举例2】 装修一间长 5m，宽4m 的房间，采用 400mm×400mm 规格地砖，则需要地砖多少块？

解：

5m ÷ 0.4m=12.5块（取整入上，

通常 5L 包装的乳胶漆，一桶可以涂刷 $70m^2$ 一遍。底漆一般是刷一遍，$100m^2$ 的墙面，至少需要 8L 底漆。面漆一般刷两遍（有的刷三遍），则 $100m^2$ 的墙面，则大概需要购买 5L 包装的乳胶漆 3 桶。

则为 13 块）

4m ÷ 0.4m=10块

则用砖总量为：

13 × 10= 用砖总量 130 块

tips：地砖在铺装中，一般需要再考虑 3% 左右的损耗量。另外，地面石材的铺贴数量的计算，大致与瓷砖相同，只是切裁、搬运时的损耗比瓷砖大，有的具有 4.2% 左右的损耗量。

考虑灰缝与损耗率的精算窍算技法如下：

地砖块数 = 房间铺设地砖的面积 /[（块料长 + 灰缝宽）×（块料宽 + 灰缝宽）]×（1+ 损耗率）

【举例3】 装修一间 $100m^2$ 房间，选用复古地砖规格为 0.5m×0.5m，灰缝宽为 0.002m，损耗率为 1%，则需要地砖多少块？

解：根据地砖片数 = 房间铺设地砖的面积 /[（块料长 + 灰缝宽）×（块料宽 + 灰缝宽）]×（1+ 损耗率）

得

100/[（0.5+0.002）×（0.5+0.002）]×（1+0.01）= 401 块

tips：地面地砖在精确核算时，需要考虑到切裁损耗。购置时，一般需要另外加 3%~5% 的损耗量。

3. 看图秒算

装修地砖铺贴数量看图秒算如图1-2 所示。

tips：所需地砖数量估算 = $a/c \times b/d$，不能整除向上取整，需要考虑 5% 损耗。

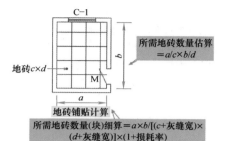

图 1-2 装修地砖铺贴数量看图秒算

1.3 装修地板铺贴数量的计算

实木地板常见规格有 900mm × 90mm × 18mm、750mm × 90mm × 18mm、600mm × 90mm × 18mm 等规格。复合地板常见规格有 1200mm × 190mm、800mm × 121mm、1212mm × 295mm 等规格。

1. 估算窍算

复合地板估算窍算技法如下：

地面面积 ÷（地板长 × 地板宽）×（100%+5%）= 地板块数

tips：其中 5% 为损耗量。

实木地板估算窍算技法如下：

房间面积 ÷ 地板面积 ×（100%+8%）= 使用地板块数

tips：其中 8% 为损耗量。

2. 精算窍算

精算窍算技法如下：

（房间长度 ÷ 板长）×（房间宽度 ÷ 板宽）= 地板块数

【举例 1】装修一间长 5m，宽 4m 的房间，选用 1200mm × 190mm 规格地板，则需要地板多少块？

解：

房间长度 ÷ 板长 = 5m ÷ 1.2m = 5 块

房间宽度 ÷ 板宽 = 4m ÷ 0.19m = 22 块

地板块数为：

长 5 块 × 宽 22 块 = 110 块

tips：复合木地板在铺装中会有 3%~5% 的损耗。如果以面积计算，不要忽视该部分用量。实木地板铺装中会有 5%~8% 的损耗。

3. 常用计算方法

复合地板常用计算方法如下：

地板的用量（m^2）= 房间面积 + 房间面积 × 损耗率

【举例 2】装修一间需铺设木地板房间的面积为 $15m^2$，损耗率为 5%，则需要木地板多少面积？

解：根据

地板的用量（m^2）= 房间面积 + 房间面积 × 损耗率   得

$15m^2 + 15m^2 × 5\% = 15.75m^2$

tips：如果直接以居室面积去购买复合地板，由于复合木地板在铺装中常会有 3%~5% 的损耗，为此不能忽视该部分的用量。

4. 看图秒算

装修地板铺贴数量看图秒算如图1-3 所示。

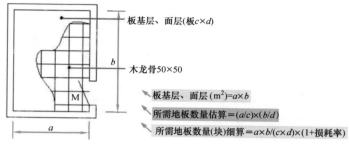

板基层、面层(板c×d)

木龙骨50×50

板基层、面层 $(m^2)=a×b$

所需地板数量估算 $=(a/c)×(b/d)$

所需地板数量(块)细算 $=a×b/(c×d)×(1+$损耗率$)$

图 1-3　装修地板铺贴数量看图秒算

tips：所需地板数量估算 = (a/c) × (b/d)，不能整除则向上取整，需要考虑 5% 的损耗。

1.4　装修油漆面数量的计算

1. 概述

刷油漆面积，可以根据所刷部位的面积或延长米乘系数来计算：

（1）踢脚线油漆面计算方法——面积计算。

（2）橱、台油漆面计算方法——展开面积计算。

（3）墙裙油漆面计算方法——长 × 高（不含踢脚线高）。

（4）窗台板油漆面计算方法——长 × 宽。

（5）单层木门油漆工程量计算方法 —— 刷油部位面积 × 系数 = $c × d × 1$

（6）踢脚线油漆工程量计算方法——$(a + b) × 2 × e$，如图 1-4 所示。

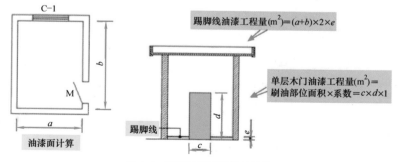

踢脚线油漆工程量 $(m^2)=(a+b)×2×e$

单层木门油漆工程量 $(m^2)=$ 刷油部位面积×系数 $=c×d×1$

C-1

M

踢脚线

油漆面计算

图 1-4　装修油漆面数量的计算

2. 墙漆的用量计算

墙漆施工面积计算如下：

墙漆施工面积 =（建筑面积 × 80%–10）× 3

tips：家居建筑面积一般为购房面积。目前的住宅房屋实际利用率一般为 80% 左右，厨房、卫生间一般是采用瓷砖、顶部采用铝扣板，该部分面积大多数为 10m²。

根据标准施工程序的要求，底漆的厚度大约为 30μm，5L 底漆的施工面积一般为 65~70m²。面漆的推荐厚度一般为 60~70μm，5L 面漆的施工面积一般在 30~35m²。因此，底漆用量与面漆用量的计算如下：

底漆用量 = 施工面积 ÷70

面漆用量 = 施工面积 ÷35

1.5 装修吊顶工程量的计算

满吊高低顶的吊顶装饰工程量计算如下（如图 1-5 所示）：

吊顶装饰工程量（m²）= 面层 + 吊顶跌落 = $a \times b + c \times 4 \times d$

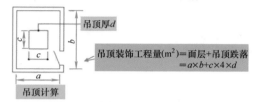

图 1-5 装修吊顶工程量的计算

1.6 装修顶棚工程量的计算

1. 简算

简算的计算方法如下：

顶棚板用量 =（天棚长 – 屏蔽长）×（天棚宽 – 屏蔽宽）

【举例】 装修一间屏蔽长、宽均为 0.24m，天棚长为 3m，宽为 4.5m 的天棚，则需要 PVC 塑料的用量是多少？

解：根据顶棚板用量 =（天棚长 – 屏蔽长）×（天棚宽 – 屏蔽宽）得

（3m – 0.24m）×（4.5m – 0.24m）≈ 11.76m²

tips：PVC 塑料天棚，一般安装在厨房、卫生间。购买 PVC 塑料天棚后，一般不能退。因此，其用量需要算准。

2. 看图秒算

装修顶棚工程量的看图秒算如图 1-6 所示。

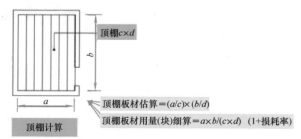

图 1-6 装修顶棚工程量的看图秒算

tips：顶棚板材估算 =（a/c）×（b/d），不能整除则向上取整，需要考虑 5% 的损耗。

1.7 装修壁（墙）纸、地毯用料的计算

常见的墙纸规格为每卷长 10m、宽 0.53m，其有关计算方法如下：

粗略计算方法——

地面面积 ×3= 墙纸总面积

墙纸的总面积 ÷（0.53×10）= 墙纸的卷数

房间的面积 ×2.5= 贴墙用料数

【举例】 20m² 房间，需要壁（墙）纸用料为多少？

解：根据房间的面积 ×2.5= 贴墙用料数得

$$20 \times 2.5 = 50m^2$$

精确的计算方法——

墙纸每卷长度 / 房间实际高度 = 使用的分量数

房间周长 / 墙纸宽度 = 使用单位的总量数

使用单位的总量数 / 使用分量数 = 使用墙纸的卷数

tips：计算墙纸用量时，需要减去踢脚线、顶线的高度，门窗面积也要在使用量中减去。另外，有的墙纸在拼贴中，需要考虑对花，并且图案越大，损耗越大。因此，采购时，需要比实际用量多买10%~20%，壁纸斜贴损耗率一般为 25%。

考虑损耗率的计算如下：

壁纸 = 使用面积 ×（1 + 损耗率）

利用较为精确的下列公式来计算：

$$S = (L/M + 1) \times (H + h) + C/M$$

式中 S——所需贴墙材料的长度，单位为 m；

L——扣去窗、门等后四壁的总长度，单位为 m；

M——贴墙材料的宽度，单位为 m；

+1——加 1 作为拼接花纹的余量；

H——所需贴墙材料的高度，单位为 m；

h——贴墙材料上两个相同图案的距离，单位为 m；

C——窗、门等上下所需贴墙的面积，单位为 m²。

tips：因墙纸规格是固定的，因此在计算素色或细碎花的用量时，需要注意墙纸的实际使用长度，一般以房间的实际高度减去踢脚线以及顶线的高度。房间的门、窗面积也要在使用的分量数中减减，计算表示如下：

壁纸用量 =（高 – 屏蔽长）×（宽 – 屏蔽宽）× 壁数 – 门面积 – 窗面积

tips：知道了墙纸用料量，然后乘以各自单价，就可以得出装修工程的墙纸费用了。

1.8 包门用量的计算

包门用量的计算：

包门材料用量 = 门外框长 × 门外框宽

【举例】 用复合木板包门，门外框长 2.7m、宽为 1.5m，则包门材料用量是多少？

解：根据包门材料用量 = 门外框长 × 门外框宽得

$$2.7m \times 1.5m = 4.05m^2$$

1.9　台布用量的计算

圆桌台布用量的计算如下：

（桌高 ×2）+ 桌面直径 = 桌布直径

长方台布用量的计算如下：

桌长度 + 下垂长度 = 台布长

桌宽度 + 下垂宽度 = 台布宽

1.10　窗帘用量的计算

1. 平开帘的计算

普通窗帘多为平开帘，在计算平开帘用料前，需要首先根据窗户的规格来确定成品窗帘的大小。成品平开帘要盖住窗框左右各 0.15m，并且打两倍褶。窗帘离地面一般为 0.1~0.2m。

平开帘所需布料的计算如下：

（窗宽 +0.15m×2）×2= 成品帘宽度

成品帘宽度 ÷ 布宽 × 窗帘高 = 窗帘所需布料

【举例 1】　一窗户的规格为宽 1.55m、高 1.90m，其需要成品帘宽度与高度是多少？

解：根据

（窗宽 +0.15m×2）×2= 成品帘宽度和成品帘宽度 ÷ 布宽 × 窗帘高 = 窗帘所需布料得

成品帘宽度 =（1.55m+0.15m×2）× 2 = 3.70m

窗帘高度 = 0.15m+1.90m+0.50m+0.20m（免边）= 2.75m

布宽 1.50m 的，需购窗帘布：

3.70m ÷ 1.50m×2.75m ≈ 6.78m

【举例 2】　一窗户的规格为宽 2.5m，高 1.6m，布料宽 1.5m，其需要成品帘宽度与高度是多少？

解：

（2.5m+0.15m×2）× 2 = 5.6m

5.6m ÷ 1.5m×1.6m ≈ 6m

所以，用料米数为 6m。

2. 帘头的计算

帘头的计算方法如下：

帘头宽 ×3 倍褶 ÷ 布宽（1.5m）= 幅数

幅数 ×（帘头高度 + 免边）= 所需布数米数

【举例 3】　一窗帘帘头宽 2.5m，高 0.48m，则需要多少米数？

解：

2.5m×3 ÷ 1.5m = 5（幅布）

5×（0.48m+0.2m）= 3.4（m）

3. 罗马帘的计算

罗马帘分为内罗马帘、外罗马帘。外罗马帘盖住窗外框即可，内罗马帘测量需要准确，一般要测量上、中、下三道尺寸。

单个罗马帘宽度一般在 1.5m 以内，因此在计算时只需考虑长度，用一幅布料即可。

罗马帘计算方法如下：

1 幅 ×（窗高 + 免边）= 所需布料米数

里布计算方法如下：

帘高 +0.04m（每个褶用布量）× 褶数 = 里布所需布料米数

tips：由于罗马帘要在里布上穿铝条，里布的长需要加上打褶所需布料。

1.11 床上用品的计算

单人床，一般床罩大小为 1m×1.92m，被大小为 1.5m×2.25m，枕套大小为 0.52m×0.78m。双人床，一般床罩大小为 1.5m×1.92m，被大小为 2m×2.25m，枕套大小为 0.52m×0.78m。

床罩有关计算方法如下：

床长度 + 免边（0.2m）= 床上面料

三边总长 ×2.5（褶）÷1.5 = 裙边面料幅数

裙边面料幅数 ×0.5 = 裙边面料

床上面料 + 裙边面料 = 床罩用布米数

1.12 多面体的体积与表面积的计算

多面体的体积与表面积的计算方法见表 1-1。

表 1-1　多面体的体积与表面积的计算方法

	图形	尺寸符号	体积（V）、底面积（F）、表面积（S）、侧表面积（S_1）
三棱柱		a，b，c—边长 h—高 F—底面积 O—底面中线的交点	$V=Fh$ $S=(a+b+c)h+2F$ $S_1=(a+b+c)h$
立方体		a—棱长 d—对角线长 S—表面积 S_1—侧表面积	$V=a^3$ $S=6a^2$ $S_1=4a^2$
长方体（棱柱）		a，b—边长 O—底面对角线的交点 h—高	$V=abh$ $S=2(ab+ah+bh)$ $S_1=2h(a+b)$
圆柱和空心圆柱（管）		R—外半径 r—内柱半径 t—柱壁厚度 p—平均半径 S_1—内外侧面积	圆柱： $V=\pi R^2 h$ $S=2\pi Rh+2\pi R^2$ $S_1=2\pi Rh$ 空心直圆柱： $V=\pi h(R^2-r^2)=2\pi Rpth$ $S=2\pi(R+r)h+2\pi(R^2-r^2)$ $S_1=2\pi h(R+r)$

（续）

	图形	尺寸符号	体积（V）、底面积（F）、表面积（S）、侧表面积（S_1）
棱锥		f—一个组合三角形的面积 n—组合三角形的个数 O—锥底各对角线交点	$V=\dfrac{1}{3}Fh$ $S=nf+F$ $S_1=nf$
棱台		F_1，F_2—两平行底面的面积 h—底面间距离 a—一个组合梯形的面积 n—组合梯形数	$V=\dfrac{1}{3}h\left(F_1+F_2+\sqrt{F_1F_2}\right)$ $S=an+F_1+F_2$ $S_1=an$
球带体		R—球半径 r_1，r_2—底面半径 h—腰高 h_1—球心 O 至带底圆心 O_1 的距离	$V=\dfrac{\pi h}{6}\left(3r_1^2+3r_2^2+h^2\right)$ $S_1=2\pi Rh$ $S=2\pi Rh+\pi\left(r_1^2+r_2^2\right)$
桶形		D—中间断面直径 d—底直径 l—桶高	对于抛物线形桶体 $V=\dfrac{\pi l}{15}\left(2D^2+Dd+\dfrac{3}{4}d^2\right)$ 对于圆形桶体 $V=\dfrac{\pi l}{12}\left(2D^2+d^2\right)$
椭球体		a，b，c—半轴	$V=\dfrac{4}{3}abc\pi$ $S=2\sqrt{2}\,b\sqrt{a^2+b^2}$
交叉圆柱体		r—圆柱半径 l_1，l—圆柱长	$V=\pi r^2\left(l+l_1-\dfrac{2r}{3}\right)$

（续）

图形		尺寸符号	体积（V）、底面积（F）、表面积（S）、侧表面积（S_1）
梯形体		a，b—下底边长 a_1，b_1—上底边长 h—上、下底边距离（高）	$V=\dfrac{h}{6}[(2a+a_1)b+(2a_1+a)b_1]$ $=\dfrac{h}{6}[ab+(a+a_1)(b+b_1)+a_1b_1]$
圆形		r—半径 d—直径 p—圆周长	$F=\pi r^2=\dfrac{1}{4}\pi d^2$ $=0.785d^2=0.07958p^2$ $p=\pi d$
椭圆形		a，b—主轴	$F=(\pi/4)ab$
扇形		r—半径 s—弧长 α—弧 s 对应的中心角	$F=\dfrac{1}{2}rs=\dfrac{\alpha}{360}\pi r^2$ $s=\dfrac{\alpha\pi}{180}r$
菱形		d_1，d_2—对角线 a—边 α—角	$F=a^2\sin\alpha=\dfrac{d_1d_2}{2}$
任意四边形		d_1，d_2—对角线 α—对角线夹角	$F=\dfrac{d_2}{2}(h_1+h_2)$ $=\dfrac{d_1d_2}{2}\sin\alpha$
正多边形		r—内切圆半径 R—外接圆半径 $a=2\sqrt{R^2-r^2}$—边 $\alpha=180°：n$（n 是边数） p—周长	$F=\dfrac{n}{2}R^2\sin2\alpha$ $=\dfrac{pr}{2}$

（续）

图形	尺寸符号	体积（V）、底面积（F）、表面积（S）、侧表面积（S_1）
正方形	a—边长 d—对角线	$F=a^2$ $a=\sqrt{F}=0.77d$ $d=1.414a=1.414\sqrt{F}$
长方形	a—短边 b—长边 d—对角线	$F=ab$ $d=\sqrt{a^2+b^2}$
三角形	h—高 l—$\dfrac{1}{2}$周长 a，b，c—对应角 A，B，C 的边长	$F=\dfrac{bh}{2}=\dfrac{1}{2}ab\sin C$ $l=\dfrac{a+b+c}{2}$
平行四边形	a，b—棱边 h—对边间的距离	$F=bh=ab\sin\alpha$
抛物线形	b—底边 h—高 l—曲线长 S—$\triangle ABC$ 的面积	$l=\sqrt{b^2+1.3333h^2}$ $F=\dfrac{2}{3}bh=\dfrac{4}{3}S$
等多边形	a—边长 K_i—系数，i 指多边形的边数	$F=K_ia^2$ 三边形 $K_3=0.433$ 四边形 $K_4=1.000$ 五边形 $K_5=1.720$ 六边形 $K_6=2.598$ 七边形 $K_7=3.614$ 八边形 $K_8=4.828$ 九边形 $K_9=6.182$

1.13 安装工程计价主要计算公式

安装工程计价主要计算公式见表 1-2。

表1-2 安装工程计价主要计算公式

项目	计算公式
变压器油过滤数量	变压器油过滤不论多少次，直到过滤合格为止，一般以 t 为计量单位，其有关计算公式如下： 油过滤数量（t）＝设备油重（t）×（1+损耗率）
带形母线长度	带形母线长度计算公式如下： $L=\sum$（根据设计图纸计算的单项延长米 + 母线预留长度） 式中　L——带形母线长度
基础槽钢角钢的安装长度	基础槽钢角钢的安装长度，根据设计图纸来计算。无规定时，可以根据下式来计算： 单个柜盘时的计算： $L=2（A+B）$ 多个同规格的柜、盘相连接时的计算： $L=n2A+2B$ 式中　L——所求长度； 　　　A——柜或屏的宽度； 　　　B——柜或屏的厚度； 　　　n——柜或屏的个数
盘柜配线的长度	盘柜配线的长度计算公式如下： $L=$ 盘柜板面半周长 × 配线回路数
电缆安装工程量	电缆安装工程量计算公式如下： $L=\sum$（水平长度 + 垂直长度 + 各种预留长度）×（1+2.5%） 式中　L——所求长度； 　　　2.5%——电缆曲折折弯余系数
电缆保护管的长度	电缆保护管计算公式，横穿公路时： $L=$ 路基宽度 +4m 电缆保护管计算公式，穿过排水沟时： $L=$ 沟壁外缘 +1m 电缆保护管计算公式，垂直敷设： $L=$ 管口距地面 +2m 电缆保护管计算公式，穿过建筑物外墙： $L=$ 根据基础外缘以外 +1m 式中　L——所求长度
电力电缆中间头的数量	电力电缆中间头数量的确定参考公式如下： $n=L/l-1$ 式中　n——中间头个数； 　　　L——电缆设计长度； 　　　l——每段电缆平均长度
接地母线、避雷线敷设的工程量	接地母线、避雷线敷设工程量的计算公式如下： $L=\sum$（施工图设计水平长度 + 垂直长度）×（1+3.9%） 式中　L——所求长度（工程量）； 　　　3.9%——附加长度
电气配管管内穿导线的工程量	电气配管管内穿导线工程量的计算公式如下： $L=$（配管计算长度 + 导线预留长度）× 同截面导线根数 式中　L——所求长度（工程量）

（续）

项目	计算公式
10kV 以下架空线路导线架设的工程量	10kV 以下架空线路导线架设工程量的计算公式如下： $$L＝（线路总长度＋所有预留长度）×导线根数$$ 式中　L——所求长度（工程量）
圆形风管展开面积	风管制作安装，以施工图示不同规格根据展开面积来计算，不扣除检查孔、测定孔、送风口、吸风口等所占面积。 圆形风管展开面积计算公式如下： $$F=\pi DL$$ 式中　F——圆形风管展开面积，一般以 m^2 为单位； 　　　D——圆形风管直径； 　　　L——管道中心线长度

1.14　除锈、刷油工程量主要计算公式

除锈、刷油工程量主要计算公式见表 1-3。

表 1-3　除锈、刷油工程量主要计算公式

项目	计算公式
设备筒体、管道表面积的计算	设备筒体、管道表面积的计算公式如下： $$S = \pi DL$$ 式中　π——圆周率； 　　　D——设备或管道直径； 　　　L——设备筒体高或管道延长米
阀门表面积的计算	阀门表面积的计算公式如下： $$S = \pi D \times 2.5DKN$$ 式中　D——直径； 　　　K——系数，取 1.05； 　　　N——阀门个数
弯头表面积的计算	弯头表面积的计算公式如下： $$S = \pi D \times 1.5DK2\pi N / B$$ 式中　D——直径； 　　　K——系数，取 1.05； 　　　N——弯头个数； 　　　B 值：90° 弯头，$B = 4$；45° 弯头，$B = 8$
法兰表面积计算	法兰表面积的计算公式如下： $$S = \pi D \times 1.5DKN$$ 式中　D——直径； 　　　K——1.05； 　　　N——法兰个数
设备和管道法兰翻边防腐蚀工程量计算	设备和管道法兰翻边防腐蚀工程量的计算公式如下： $$S = \pi（D + A）A$$ 式中　D——直径； 　　　A——法兰翻边宽

1.15 绝热工程量主要计算公式

绝热工程量主要计算公式见表1-4。

表 1-4 绝热工程量主要计算公式

项目	计算公式
设备筒体或管道绝热、防潮与保护层的计算	设备筒体或管道绝热、防潮与保护层体积 V 和面积 L 计算公式如下： $$V = \pi (D+1.033\delta) \times 1.033\delta \times L$$ $$S = \pi (D+2.1\delta+0.0082) L$$ 式中　　D——直径； 　　1.033、2.1——调整系数； 　　δ——绝热层厚度； 　　L——设备筒体或管道长； 　　0.0082——捆扎线直径或钢带厚
伴热管道绝热工程量的计算	伴热管道绝热工程量的计算公式如下： （1）单管伴热或双管伴热（管径相同，夹角小于90°时）计算公式 $$D' = D_1 + D_2 + (10 \sim 20\text{mm})$$ 式中　　D'——伴热管道综合值； 　　D_1——主管道直径； 　　D_2——伴热管道直径； 　　（10~20mm）——主管道与伴热管道间的间隙 （2）双管伴热（管径相同，夹角大于90°时）计算公式 $$D' = D_1 + 1.5D_2 + (10 \sim 20\text{mm})$$ （3）双管伴热（管径不同，夹角小于90°时）计算公式 $$D' = D_1 + D_{伴大} + (10 \sim 20\text{mm})$$ 式中　　D'——伴热管道综合值； 　　D_1——主管道直径； 　　$D_{伴大}$——伴热管大管直径
设备封头绝热、防潮和保护层工程量的计算	设备封头绝热、防潮和保护层工程量的计算公式如下： $$V = [(D + 1.033\delta)/2]2 \times \pi \times 1.033\delta \times 1.5 \times N$$ $$S = [(D + 2.1\delta)/2]2 \times \pi \times 1.5 \times N$$ 式中　　D——封头外径，直径； 　　1.033、2.1——调整系数； 　　δ——绝热层厚度； 　　N——封头个数
阀门绝热、防潮和保护层的计算	阀门绝热、防潮和保护层计算公式如下： $$V = \pi (D + 1.033\delta) \times 2.5D \times 1.033\delta \times 1.05 \times N$$ $$S = \pi (D + 2.1\delta) \times 2.5D \times 1.05 \times N$$ 式中　　D——直径； 　　1.033、2.1——调整系数； 　　δ——绝热层厚度； 　　N——阀门个数
法兰绝热、防潮和保护层的计算	法兰绝热、防潮和保护层计算公式如下： $$V = \pi (D + 1.033\delta) \times 1.5D \times 1.033\delta \times 1.05 \times N$$ $$S = \pi \times (D+2.1\delta) \times 1.5D \times 1.05 \times N$$ 式中　　D——直径； 　　1.033、2.1——调整系数； 　　δ——绝热层厚度； 　　N——法兰数量

1.16 攻丝前钻底孔的钻头直径（公制）的估算

攻丝前钻底孔的钻头直径（公制）的估算如下：

$$Z_e = LM - KJ$$

式中　Z_e——钻头直径，单位为 mm；

　　　LM——螺纹公称直径，单位为 mm；

　　　KJ——螺纹公称螺距，单位为 mm。

【举例】　要攻丝 M5 丝扣，需要选择钻头直径为多少？

解：根据 $Z_e = LM - KJ$ 得

$$Z_e = 5 - 0.8 = 4.2（mm）$$

因此，需要选择钻头直径为 4.2mm。

1.17 用板牙套扣时公称直径的计算

用板牙套扣时公称直径的计算如下：

$$G_e = MM - 0.10（mm）$$

式中　MM——螺纹公称直径；

　　　G_e——板牙套丝扣公称直径。

【举例】　套 M6，需要用板牙套丝扣公称直径为多少？

解：根据 $G_e = MM - 0.10（mm）$

得 $G_e = 6 - 0.1 = 5.9（mm）$

因此，需要用板牙套丝扣公称直径为 5.9mm。

1.18 吊装载荷的计算

起重吊装工程中，常以吊装计算载荷作为计算依据。吊装计算载荷（简称计算载荷）如下：

吊装计算载荷 = 动载荷系数 × 吊装载荷

式中　动载荷系数 k_1——起重机在吊装重物的运动过程中所产生的对起吊机具负载的影响而计入的系数。起重吊装工程计算中，一般取动载荷系数 $k_1 = 1.1$。

起吊工程中，多台起重机联合起吊设备，其中一台起重机承担的计算载荷，在计算载荷时应考虑运动载荷不均衡的影响，计算载荷的一般公式如下：

$$Q_j = k_1 \times k_2 \times Q$$

式中　Q_j——计算载荷；

　　　Q——分配到一台起重机的吊装载荷，包括设备及吊具重量；

　　　k_1——表示为动载荷系数；

　　　k_2——不均衡载荷系数。在多分支共同抬吊一个重物时，由于起重机械间的相互运动可能产生作用于起重机械、重物、吊索上的附加载荷，或者工作不同步，各分支不能完全根据设定比例承担载荷，于是在起吊中，以不均衡载荷系数计入其影响。一般取不均衡载荷系数 $k_2 = 1.1 \sim 1.25$（注意：对于多台起重机共同抬吊设备时，由于存在工作不同步而超载的现象，单纯考虑不均衡载荷系数是不够的，还必须根据工艺过程进行分析，并且采取必要的相应措施）。

1.19 起重最大起升高度要求的计算

起重机最大起升高度，需要满足的要求如下：

$$H > h_1 + h_2 + h_3 + h_4$$

式中　H ——起重机吊臂顶端滑轮的高度，单位为 m；

h_1 ——设备高度，单位为 m；

h_2 ——索具高度（包括钢丝绳、平衡梁、卸扣等的高度），单位为 m；

h_3 ——设备吊装到位后底部高出地脚螺栓的高度，单位为 m；

h_4 ——基础和地脚螺栓高，单位为 m。

1.20 钢丝绳的许用拉力的计算

钢丝绳的许用拉力的计算如下：

$$T = P/K$$

式中　T ——钢丝绳的许用拉力；

P ——钢丝绳破断拉力，单位为 kgf，根据国家标准或生产厂提供的数据为准；

K ——安全系数。钢丝绳安全系数是标准规定的钢丝绳在使用中允许承受拉力的储备拉力，也就是钢丝绳在使用中破断的安全裕度。

tips：钢丝绳用于载人，安全系数不小于 12。做吊索的安全系数一般不小于 8。做滑轮组跑绳的安全系数一般不小于 5。钢丝绳做缆风绳的安全系数不小于 3.5。

1.21 钢索布线钢丝绳拉力的计算

选择钢丝绳应先根据弧垂 S、支点间距 L、每米长度上的荷重 W，计算出拉力 P，然后考虑安全系数 E，最后选择钢丝绳。

钢丝绳拉力的计算公式如下：

$$P = 9.8 \frac{WL^2}{8S}$$

式中　P ——钢丝绳拉力，单位为 N；

L ——两支点间距，单位为 m；

W ——每米长度上的荷重，单位为 kg/m，包括灯具管材、钢索自重；

S ——钢索弧垂，单位为 m。

钢丝绳的安全系数计算如下：

$$K = \frac{钢丝绳破断拉力}{钢丝绳拉力\ P}$$

tips：安全系数不小于 2.5，一般取 3。

常用钢丝绳数据见表 1-5。钢丝绳拉力见表 1-6。

表 1-5　常用钢丝绳数据

钢丝绳规格	直径 /mm		参考重量 / (kg/m)	钢丝绳公称抗拉强度 / (kN/mm²)		
	钢丝绳	钢丝		1373	1520	1667
				钢丝破断	拉力总和	不小于 /kN
1 × 37	2.8	0.4	0.039	6.38	7.06	7.74
	3.5	0.5	0.061	9.90	10.98	12.05
6 × 7	3.8	0.4	0.05	7.2	8.02	8.79
	4.7	0.5	0.079	11.27	12.45	13.72
6 × 19	6.2	0.4	0.135	19.6	21.66	23.81
	7.7	0.5	0.211	30.3	33.91	53.61
7 × 7	3.6	0.4	0.055	8.43	9.34	10.19
	4.5	0.5	0.086	13.13	14.60	15.97
7 × 19	6.0	0.4	0.147	22.83	25.28	27.73
	7.5	0.5	0.229	35.77	39.59	43.41
8 × 19	7.6	0.4	0.188	26.17	28.91	31.75
	9.5	0.5	0.294	40.87	45.28	49.69

表 1-6　钢丝绳拉力

S/m	L/m　　　P/kN　W/(kg/m)	4	6	8	10	12	15
0.02	2	1.960	4.410	7.840			
	3	2.940	6.615				
	4	3.920	8.820				
	5	4.900					
0.04	2		2.205	3.920	6.125	8.820	
	3		3.308	5.880	9.188		
	4		4.410	7.840			
	5	2.45	5.513	9.800			
0.06	2		1.47	2.613	4.083	5.880	9.189
	3		2.205	3.920	6.125	8.820	
	4		2.94	5.227	8.167		
	5		3.675	6.533			
0.08	2		1.103	1.960	3.063	4.410	6.909
	3		1.654	2.940	4.594	6.615	
	4		2.206	3.920	6.125	8.820	
	5		2.756	4.900	7.656		

1.22 缆风绳拉力的计算

缆风绳的作用是稳定桅杆，在起重吊装作业中平衡吊装主吊力。缆风绳实际受力 T，可以通过将缆风绳实际承受的吊装工作拉力与初拉力相加的方法来计算，具体如下：

$$T=T_g+T_c=fT_总+T_c$$

式中 T_g ——缆风绳的工作拉力；

T_c ——缆风绳的初拉力；

$T_总$ ——缆风绳的"总"拉力，也就是平衡吊装主吊力的等效拉力；

f ——分配系数，常用对称分布的缆风绳受力分配系数见表1-7。

表 1-7　常用对称分布的缆风绳受力分配系数

缆风绳数量	绳间角度	主缆风绳分配系数 f	副缆风绳分配系数 f
6	60°	0.667	0.333
8	45°	0.5	0.354

1.23 镀锌管理论重量的计算

镀锌管理论重量计算公式如下：

（直径 – 壁厚）× 壁厚 × 0.02466 × 1.0599= 每米重量（kg/m）

其中 1.0599 为镀锌层系数，一般取 1.03~1.06。

镀锌管的尺寸规格见表1-8。

表 1-8　镀锌管的尺寸规格

公称内径	英寸	外径 / mm	壁厚 / mm	最小壁厚 /mm	焊管（6 米定尺）米重 1/kg	焊管（6 米定尺）根重 1/kg	镀锌管（6 米定尺）米重 2/kg	镀锌管（6 米定尺）根重 2/kg
DN15 镀锌管	1/2	21.3	2.8	2.45	1.28	7.68	1.357	8.14
DN20 镀锌管	3/4	26.9	2.8	2.45	1.66	9.96	1.76	10.56
DN25 镀锌管	1	33.7	3.2	2.8	2.41	14.46	2.554	15.32
DN32 镀锌管	1.25	42.4	3.5	3.06	3.36	20.16	3.56	21.36
DN40 镀锌管	1.5	48.3	3.5	3.06	3.87	23.22	4.10	24.60
DN50 镀锌管	2	60.3	3.8	3.325	5.29	31.74	5.607	33.64
DN65 镀锌管	2.5	76.1	4.0	3.5	7.11	42.66	7.536	45.21
DN80 镀锌管	3	88.9	4.0		8.38	50.28	8.88	53.28
DN100 镀锌管	4	114.3	4.0		10.88	65.28	11.53	69.18

一点就通——水电基础计算

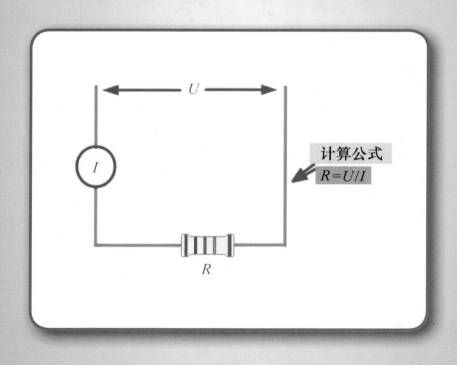

计算公式

$R = U/I$

2.1 压力单位与换算

水压的单位常见的有 Pa、kPa、MPa 等。1kg 压力是通俗的叫法。1MPa 扬程大概为 100m。

水压有关单位与换算如下：

$1MPa=1\times10^6Pa$。

$1kPa=1\times10^3Pa$。

1 标准大气压 =0.1MPa=760mmHg。

1MPa=10kg 水压≈ $10kg/cm^2$。

0.1MPa = $1.02kg/cm^2$ = 14.5Psi。

1 大气压 =$1.03323kg/cm^2$ 的压力。

1MPa=10 大气压力 =$10.3323kg/cm^2$。

1Psi = $0.07kg/cm^2$。

1USgal = 3.785L。

水管的耐压是指压强，以前的压强单位一般用 kgf/cm^2。现在，一般用 Pa 或 MPa 来表示。kgf/cm^2 表示每平方厘米承受的压力为 1kg 力。

1kg 压力换算到水柱高度，一般是 10m 水柱产生的压力。也就是说：

1kg 水压≈ 0.1MPa

水压的计算公式如下：

$$P=\rho gh$$

式中 P——压强；

ρ——液体密度，水的密度为 $1\times10^3kg/m^3$；

g——重力加速度；

h——取压点到液面高度。

2.2 压强的计算

压强的基本公式如下：

$$P=F/S$$

式中 P——压强，单位为 Pa；

F——压力，单位为 N；

S——面积，单位为 m^2。

公式的适用范围：对于固体、液体、气体都适用；但是液体（水）产生的压力不一定等于自身重力。

2.3 电导与电阻率的计算与公式

导体的电阻越大，其导电性能就越差；电阻越小，导电性能就越好。电阻 R 的倒数叫电导，电导表示物体传导电流的本领，其符号常用大写字母“G”来表示。电导的单位为西门子，符号为 S。

电导的计算公式如下：

$$电导\rightarrow G=\frac{1}{R}$$

R——电阻，单位为 Ω；

G——电导，单位为 S。

电阻率 ρ 的倒数为电导率。电阻率的计算公式如下：

$$\rho=RS/L$$

式中 ρ——电阻率，单位为 Ω · m；

S——导体的横截面积，单位为 m^2；

R——电阻值，单位为 Ω；

L——导线的长度，单位为 m。

常见金属电阻率见表 2-1。

表 2-1　常见金属电阻率

物质	温度 t/℃	电阻率 / ($\times 10^{-8}\,\Omega \cdot m$)
银	20	1.65
铜	20	1.75
金	20	2.83
铝	20	2.6548
钙	0	3.91
铍	20	4.0
镁	20	4.45
钼	0	5.2
铱	20	5.3
钨	27	5.65
锌	20	5.196
钴	20	6.64
镍	20	6.84
镉	0	6.83
铟	20	8.37
铁	20	9.71
铂	20	10.6
锡	0	11.0
铷	20	12.5
铬	0	12.9
镓	20	17.4
铊	0	18.0
铯	20	20
铅	20	20.684
锑	0	39.0
钛	20	42.0
汞	50	98.4
锰	23~100	185.0

注：电阻率与温度有关，另外检测仪器、精度要求不同，电阻率会有差异，上表中数据仅供参考。

tips：人体电阻与皮肤的状态等有关。人体电阻一般不低于$500\,\Omega$。

不同条件下人体电阻见表 2-2 所示。

表 2-2　不同条件下人体电阻

接触电压 /V	人体电阻 /Ω			
	皮肤干燥	皮肤潮湿	皮肤湿润	皮肤浸入水中
10	7000	3500	1200	600
25	5000	2500	1000	500
50	4000	2000	875	440
100	3000	1500	770	675
250	1500	1000	650	325

2.4　电路电阻的计算

电阻 R 等于材料电阻率乘以长度除以横截面积，电阻的计算公式如下：

$$R=\rho L/S$$

式中　R ——电阻；

　　　ρ ——电阻率；

　　　L ——长度；

　　　S ——横截面积。

电路中电阻等于电压除以电流，计算公式如下（图例如图 2-1 所示）：

$$R=U/I$$

如果知道电压与电功率，则电阻等于电压二次方除以电功率，计算公式如下：

$$R=U^2/P$$

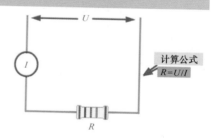

图 2-1　电路中电阻计算公式

串联电路中电阻的特点：总电阻等于各部分电路电阻之和，计算公式如下（图例如图 2-2 所示）：

$$R=R_1+R_2+\cdots+R_n$$

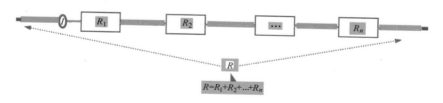

图 2-2　串联电路中电阻的特点

n 个相同电阻串联时求总电阻的公式为：

$$R_{串} = nR$$

并联电路中电阻的特点：总电阻的倒数等于各并联电阻的倒数之和，计算公式如下（图例如图 2-3 所示）：

$$1/R = 1/R_1 + 1/R_2 + \cdots + 1/R_n$$

n 个相同电阻并联时求总电阻的公式如下：

$$R_{并} = R/n$$

不同温度下的电阻计算公式如下：

$$R_2 = R_1[1 + a_1(t_2 - t_1)]$$

式中　t_1、t_2——导体的温度，单位为℃；

R_1——t_1 温度时导体的电阻，单位为 Ω；

a_1——导体电阻的温度系数；

R_2——t_2 温度时导体的电阻，单位为 Ω。

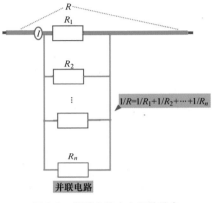

图 2-3　并联电路中电阻的特点

2.5　电流的计算

电流的大小是用单位时间内通过导线横截面的电量（电流强度）来衡量，计算公式如下：

$$I = \frac{q}{t}$$

式中　I——电流，单位为 A；

q——在 t 时间内通过导线横截面的电量总和，单位为 C；

t——流过的时间，单位为 s。

电流单位间的换算如下：

$$1kA = 1000A$$
$$1A = 1000mA$$
$$1mA = 1000\mu A$$

mA 为毫安、μA 为微安、kA 为千安。

装修中，计算单相交流电电流用得最多的估算公式如下（城市居民小区民用电功率因数一般要求 0.9 以上）：

$$I = U/R$$
$$I = P/U$$

式中　I——电流，单位为 A；

U——电压，单位为 V，一般指交流电压有效值；

P——电功率，单位为 W。

tips：$I = U/R$（欧姆定律：导体中的电流跟导体两端电压成正比，跟导体的电阻成反比）。串联电路中电流的特点：电流处处相等，计算公式如下（图例如图 2-4 所示）：

$$I = I_1 = I_2 = \cdots = I_n$$

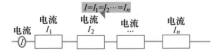

图 2-4　串联电路中电流的特点

并联电路中电流的特点：干路上的电流等于各支路电流之和，计算公式如下（图例如图 2-5 所示）：

$$I=I_1+I_2+\cdots+I_n$$

并联电路中电流与电阻的关系：电流之比等于它们所对应的电阻的反比，计算公式如下：

$$I_1:I_2=R_2:R_1$$

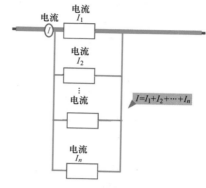

图 2-5　并联电路中电流的特点

2.6　电动势的计算与公式

电动势与电压使用同样的单位，也就是伏特。不同的是，电动势是电源的"电压"，其是描述电源内部的一些反应的物理量。电路中一般所说的电压，是相对电路中某两个参考点间的电位差。

电动势计算公式与电压计算公式很类似，具体如下：

$$E=\frac{W}{q}$$

式中　W ——电源力将正电荷从负极移动到正极时所做的功，单位为 J；

q ——电荷，单位为 C；

E ——电动势，单位为 V。

tips：电动势也有交流、直流之分。其中，交流电动势用小写字母 e 来表示。

2.7　电压的计算与公式

电压与电流均有直流、交流之分。在一些计算公式中，直流电压常用大写字母 U 来表示，交流电压常用小写字母 u 来表示，有效值常用大写 U 表示。

电压计算公式如下：

$$U_{AB}=\frac{W_{AB}}{q}$$

式中　U ——电压，单位为 V；

q ——电量，单位 C；

W_{AB} ——指定出点 A 到点 B 间的电压和这两点间移动电荷所用的电功。

tips：有时，一般电路中没有带 AB 参数，上述计算公式简写形式为 $U=\frac{W}{q}$。

将一个电阻接到交流电源上，如图 2-6 所示。电压与电流的关系，可以根据欧姆定律来确定，图中公式表

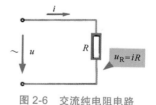

图 2-6　交流纯电阻电路

示交流纯电阻电路的基本性质——电流瞬时值与电阻两端电压的瞬时值成正比。

电阻两端电压有效值 U 与电阻中流过的电流有效值 I 的关系，可以由欧姆定律得出：

$$I=\frac{U}{R}$$

tips：在电阻大小一定时，电压增大，电流也增大。电压为零，电流也为零。也就是电流的正弦曲线与电压的正弦曲线波形起伏一致。因此在电阻负载电路中电压与电流是同相位的。

装修中，计算电压用得最多的公式如下：

$$U=IR$$
$$U=P/I$$

式中　I——电流，单位为 A；

U——电压，单位为 V；

P——电功率，单位为 W。

串联电路中电压与电阻的关系：电压之比等于它们所对应的电阻之比，计算公式如下（图例如图 2-7 所示）：

$$U_1 : U_2 = R_1 : R_2$$

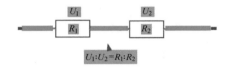

图 2-7　串联电路中电压与电阻的关系

串联电路中电压的特点：串联电路中，总电压等于各部分电路两端电压之和，计算公式如下（图例如图 2-8 所示）：

$$U=U_1+U_2+\cdots+U_n$$

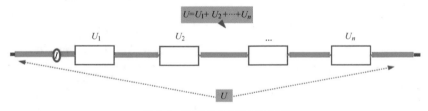

图 2-8　串联电路中电压的特点

并联电路中电压的特点：各支路两端电压相等，都等于电源电压，计算公式如下（图例如图 2-9 所示）：

$$U=U_1=U_2=\cdots=U_n$$

tips：碳性干电池空载电压一般是 1.65V，碱性干电池空载电压一般是 1.63V，实际负载电压都在 1.5V 以上，因此，统称 1.5V 电池。常见的电压数值如下：

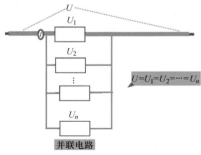

图 2-9　并联电路中电压的特点

1）我国家庭电路的电压一般为交流 220V。

2）一节干电池的电压一般为直流 1.5V。

3）一节蓄电池的电压一般为直流

2V。

4）手机电池的电压一般为直流 3.7V）

5）对人体安全的电压为不高于 36V。

2.8 电压偏差的计算

电压偏差的计算如下：

电压偏差（%）=[（实际电压 – 系统标称电压）/ 系统标称电压] × 100%

式中 电压——电压的有效值。

tips：根据《电能质量供电电压 偏差》规定：

1）对于供电点短路容量小、供电距离较长以及对供电电压偏差有特殊要求的用户，由供、用电双方协议确定。

2）220V 单相供电电压允许偏差为额定电压的 –10% ~+7%。

3）20kV 及以下三相供电电压允许偏差为额定电压的 ±7%。

2.9 三相交流电流、电压相、线间的计算

对称星形，三相交流电流、电压相、线间的计算如下：

$$I_L=I_\phi$$
$$U_L=\sqrt{3}\ U_\phi=1.732U_\phi$$

对称三角形，三相交流电流、电

压相、线间的计算如下：

$$I_L=\sqrt{3}\ I_\phi=1.732I_\phi$$
$$U_L=U_\phi$$

式中 I_L、U_L——线电流、线电压；
I_ϕ、U_ϕ——相电流、相电压。

2.10 频率偏差的计算

频率偏差是系统频率的实际值与标称值（50Hz）之差，常以频率实际值与标称值之差，或者其差值 Δf 与标称值之比的百分数 Δf% 来表示，具体计算如下：

$$\Delta f\%=[（f-f_e）/f_e] \times 100\%$$

式中 f——频率实际值，单位为 Hz；

f_e——供电网频率标称值，单位为 Hz。

tips：我国电力系统的标称频率为50Hz。《全国供用电规则》中规定供电局供电频率的允许偏差：电网容量在 300 万 kW 及以上者为 ±0.2Hz。电网容量在 300 万 kW 以下者，为 ±0.5Hz。实际运行中，各大电力系统运行基本不超过 ±0.1Hz 范围。

2.11 电功率的计算与公式

在单位时间内电流所做的功叫作电功率。电功率使用符号大写的英文字母 P 表示，电功率是描述电流做功快慢程度的物理量，通常所谓用电设

备容量的大小，常是指电功率的大小，也就是表示该用电设备在单位时间内做功的能力。

电功率的计算公式，就是将电功

除以时间，具体如下：

$$P=\frac{W}{t}=\frac{qU}{t}=UI$$

式中　P——电功率，单位为 W ；

　　　U——电压，单位为 V ；

　　　I——电流，单位为 A ；

　　　q——电荷，单位为 C 。

对导体电阻而言，由欧姆定律 $I=U/R$ 可得出电阻上消耗的电功率的计算公式：

$$P=UI=U^2/R$$
$$P=I^2R$$

1 瓦 (W) 的电功率的特点：

1 瓦 =1 伏 ×1 安

简写成 1W=1V · A

电功率常用单位间的换算：

1 千瓦（kW）=1000 瓦（W）=10^3 瓦（W）

1 马力 =735.49875W

1 千瓦（kW）=1.35962162 马力

=1.34hp

式中　kW——千瓦；

　　　马力——公制马力；

　　　hp——英制马力。

1 度电表示功率为 1kW 的电器使用 1 小时（1h）所消耗的电能，即：

1 度 =1 千瓦 · 小时

=1kW · h=1000 × 3600J

1 瓦是功率单位，意思是 1s 做了 1J 的功。

电功率的一些计算公式见表 2-3。

表 2-3　电功率的一些计算公式

类型	计算公式
电功率定义计算公式	电功率定义计算公式如下： $$P=W/t$$ 式中　P——电功率； 　　　W——功； 　　　t——时间。
电功率普遍适用计算公式	根据欧姆定律得到的普遍适用计算公式如下： $$P=UI$$ 式中　P——电功率，单位为 W ； 　　　U——电压，单位为 V ； 　　　I——电流，单位为 A 。 tips：电功率的计算公式，用电压乘以电流。该公式是电功率的普遍适用的公式，适用于任何情况
纯电阻电路电功率计算公式 1	公式如下： $$P=UI=I^2R$$ 式中　P——电功率，单位为 W ； 　　　U——电压，单位为 V ； 　　　I——电流，单位为 A ； 　　　R——电阻，单位为 Ω tips：该公式适用于纯电阻电路，在串联电路中使用方便

（续）

类型	计算公式
纯电阻电路电功率计算公式2	公式如下： $$P= UI =U^2/R$$ 式中　　P——电功率，单位为 W； 　　　　U——电压，单位为 V； 　　　　I——电流，单位为 A； 　　　　R——电阻，单位为 Ω tips：该公式适用于纯电阻电路，在并联电路中使用方便。对于非纯电阻电路，如电动机等，只能使用"电压乘以电流"。因为对于电动机等，欧姆定律并不适用，即电压与电流不成正比。其原因在于电动机在运转时会产生"反电动势"
单相交流电路中电功率计算公式	单相交流电路中电功率的计算公式如下： 单相交流电路中——$P=UI\cos\phi$ 式中　$\cos\phi$——功率因数； 　　　$U、I$——相电压、相电流 单相电耗电量、功率、电流、电压的关系计算如下： $$功率 = 电流 \times 电压，即\ P=UI$$ $$耗电量 = 功率 \times 用电时间，即\ 耗电量 =Pt$$ 式中　功率（P）——单位为瓦特，简称瓦（W）； 　　　电流（I）——单位为安培，简称安（A）； 　　　电压（U）——单位为伏特，简称伏（V）； 　　　耗电量——单位是 kW·h tips：家用电源一般是单相交流电，电压为 220 V。工业用电源一般是三相交流电，线电压为 380 V
正弦交流电功率计算公式	正弦交流电无功功率计算公式如下： $$Q=UI\sin\phi$$ 正弦交流电有功功率计算公式如下： $$P=UI\cos\phi$$ 正弦电流电路中的有功功率、无功功率、视在功率三者间是一个直角三角形的关系，三者关系如下： $$P^2+Q^2=S^2$$ 当负载为纯电阻时：$Q=0$，$S=P$ tips：该公式也适用直流电功率的计算

类型	计算公式
三相功率的 计算公式	三相功率的计算公式（有功功率），可以采用 3 个单相独立测量求和的方式进行计算： $$P=P_A+P_B+P_C$$ 或者 $$P=P_U+P_V+P_W$$ 对于正弦三相对称电路，功率的计算公式如下： $$P=\sqrt{3}\,U_L I_L \cos\phi$$ 或者 $$P=3U_\phi I_\phi \cos\phi$$ 式中 U_L、I_L ——线电压、线电流的有效值； 　　　U_ϕ、I_ϕ ——相电压、相电流的有效值 tips：当三相负载对称时，无论是星形联结（Y），还是三角形联结（△），三相的 U_ϕ、I_ϕ 和 $\cos\phi$（功率因数）是一样的。因此，每一相中的功率大小相等。也就是说，三相功率为单相功率的 3 倍，即三相功率 $P=3P_\phi$。 当负载为星形联结时，并且各相负载平衡时，$I_L=I_\phi$，则计算公式如下： $$U_L=\sqrt{3}\,U_\phi$$ 当负载为三角形联结时，并且各相负载平衡时，$U_L=U_\phi$，则计算公式如下： $$I_L=\sqrt{3}\,I_\phi$$ 三相对称负载的有功功率计算公式如下： $$P=\sqrt{3}\,U_L I_L \cos\phi$$ 三相对称负载的无功功率计算公式如下： $$Q=\sqrt{3}\,U_L I_L \sin\phi$$ 三相对称负载的视在功率计算公式如下： 视在功率　$S=\sqrt{P^2+Q^2}$ 　　　　　$S=\sqrt{3}\,U_L I_L$ 式中　 U_L、I_L ——线电压、线电流

tips：消耗的电能怎么算——消耗电能的公式 $P=W/t$ 一般用在已经知道总功的情况下，但是该公式用得比较少。$P=UI$ 是通用公式，装修计算消耗电能应用较多。$P=I^2R$ 公式一般应用于串联电路之中。$P=U^2/R$ 公式一般用在并联电路之中。

额定功率就是用电器在额定电压下的功率。额定功率与额定电压、额定电流的关系计算如下：

$$P_额=U_额 I_额=U^2_额/R$$

当 $U_实=U_额$ 时，$P_实=P_额$，则用电器正常工作。

当 $U_实 < U_额$ 时，$P_实 < P_额$，则用电器不能正常工作，有时会损坏用电器。

tips：电能表铭牌标志——每只出厂的电能表在表盘上都有一块铭牌。其通常标注了名称、型号、准确度等级、电能计算单位、标定电流、额定最大电流、额定电压、电能表常数、频率等项标志、标识等。

【举例 1】 一白炽灯上标有"PZ220V-25"字样,则表示什么含义?如果该灯"正常发光",则其额定电流、灯丝阻值是多少?

解:PZ220V-25 表示该白炽灯额定电压为 220V,额定功率为 25W。

如果该灯"正常发光",则其额定电流为

$I=P/U=25/220 \approx 0.11A$

灯丝阻值 $R = U_{额}^2/P = 220^2/25 \approx 1936\Omega$

有功功率与视在功率的换算如下:

$$S=KP$$

式中　S——视在功率;

　　　P——有功功率;

　　　K——系数,具体见表 2-4。

【举例 2】 一供电线路上有功功率为 30kW,功率因数 $\cos\phi=0.8$ 时,则视在功率为多少?

解:

$S=KP$

$=1.2 \times 30=36$(kVA)

则视在功率为 36kVA。

表 2-4 有功功率与视在功率的换算系数

功率因数	0.9	0.8	0.7	0.6	0.5
K	1.1	1.2	1.4	1.7	2

2.12 电功的计算与公式

电流通过某段电路所做的功叫电功。电流做功的过程,实际就是电能转化为其他形式的能的过程。电流做多少功,就有多少电能转化为其他形式的能,就消耗了多少电能。

电流做功的形式:电流通过各种用电器使其转动、发热、发光、发声等都是电流做功的表现。

电流在某段电路上所做的功,等于这段电路两端的电压、电路中的电流与通电时间的乘积,计算公式如下:

$W=UIt=Pt$(适用于所有电路)(电功等于电流乘电压乘时间)。

$W=I^2Rt=U^2t/R$

(适用于纯电阻电路)(电功等于电流二次方乘电阻乘时间或电功等于电压二次方乘时间除以电阻)。

$W=I^2Rt$(适用于串联电路,并且具有 $W_1 : W_2 : W_3 : \cdots : W_n=$

$R_1 : R_2 : R_3 : \cdots : R_n$)

$W=U^2t/R$(适用于并联电路,并且具有 $W_1 : W_2=R_2 : R_1$)

$W=Pt$(电功等于电功率乘以时间)

度(kW·h)与焦耳(J)的关系如下:

1 度 =1 千瓦时 =1kW·h=3.6×10^6J

电功与电功率的计算公式比较如下:

电功

$$W=Pt=IUt=I^2Rt=\frac{U^2}{R}t$$

P——电功率,单位为 W;

t——时间,单位为 s 或 h;

W——电功,单位为 J 或 kW·h。

电功率

$$P=\frac{W}{t}=IU=I^2R=\frac{U^2}{R}$$

P——电功率,单位为 W;

t——时间,单位为 s 或 h;

W——电功,单位为 J 或 kW·h。

2.13 电热的计算与公式

电流通过导体时所产生的热量 Q，跟电流的二次方成正比，跟导体的电阻成正比，跟通电的时间成正比——焦耳定律。

焦耳定律公式如下：

$$Q=I^2Rt$$

（该公式为普适公式，适用范围为任何电路）

也就是说，电热等于电流二次方成电阻乘时间。纯电阻电路中，电热等于电流乘以电压乘时间，计算公式如下：

$$Q=UIt=W（纯电阻电路）$$

串联电路中，电热（Q）之比等于电阻（R）之比，计算公式如下：

$$\frac{Q_1}{Q_2}=\frac{R_1}{R_2}（根据 Q=I^2Rt 得）$$

并联电路中，电热（Q）之比等于电阻（R）的反比，计算公式如下：

$$\frac{Q_1}{Q_2}=\frac{R_2}{R_1}（根据 Q=\frac{U^2}{R}t 得）$$

2.14 串联电路有关计算公式

串联电路有关计算公式见表 2-5。

表 2-5 串联电路有关计算公式

项目	有关计算公式
电流	电流处处相等，计算公式如下： $I_1=I_2=\cdots I_n=I$
电压	总电压等于各用电器两端电压之和，计算公式如下： $U=U_1+U_2+\cdots+U_n$ 各用电器两端电压与各电阻的关系，计算公式如下： $U_1:U_2\cdots:U_n=R_1:R_2\cdots:R_n$
电阻	总电阻等于各电阻之和，计算与公式如下： $R=R_1+R_2+\cdots+R_n$ 对于 n 个相等的电阻串联，公式简化为 $R_总=nR$
电功	总电功等于各电功之和，计算公式如下： $W=W_1+W_2+\cdots+W_n$ 电功与各电阻、电压的关系，计算公式如下： $W_1:W_2:\cdots:W_n=R_1:R_2:\cdots:R_n=U_1:U_2:\cdots:U_n$
功率	总功率等于各功率之和，计算公式如下： $P=P_1+P_2+\cdots+P_n$ 功率与各电阻、电压的关系，计算公式如下： $P_1:P_2:\cdots:P_n=R_1:R_2:\cdots:R_n=U_1:U_2:\cdots:U_n$

串联电路如图 2-10 所示。

图 2-10 串联电路

串联电路：P 为电功率；U 为电压；I 为电流；W 为电功；R 为电阻

2.15 并联电路有关计算公式

并联电路有关计算公式见表 2-6。

表 2-6 并联电路有关计算公式

项目	有关计算公式
电流	总电流等于各支路电流之和，计算公式如下： $I=I_1+I_2+\cdots I_n$ 各用电器电流与各电阻的关系，计算公式如下： $I_1:I_2\cdots:I_n=R_n:\cdots:R_2:R_1$
电压	各支路电压相等，计算公式如下： $U_1=U_2=\cdots U_n=U$
电阻	n 个分电阻总电阻等于各电阻的关系，计算公式如下： $1/R_{总}=1/R_1+1/R_2+1/R_3+\cdots+1/R_n$ 即总电阻的倒数等于各分电阻的倒数之和
电功	总电功等于各电功之和，计算公式如下： $W=W_1+W_2+\cdots+W_n$ 电功与各电阻、电流的关系，计算公式如下： $W_1:W_2:\cdots:W_n=I_1:I_2\cdots:I_n=R_n:\cdots:R_2:R_1$
功率	总功率等于各功率之和，计算公式如下： $P=P_1+P_2+\cdots P_n$ 功率与各电阻、电流的关系，计算公式如下： $P_1:P_2:\cdots:P_n=R_n:\cdots:R_2:R_1=I_1:I_2:\cdots:I_n$

并联电路如图 2-11 所示。

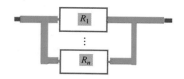

图 2-11 并联电路

并联电路：P 为电功率；U 为电压；I 为电流；W 为电功；R 为电阻

tips：电阻混联的计算公式如下：
电阻混联

$$R=(R_1\|R_2)+R_3=\frac{R_1R_2}{R_1+R_2}+R_3$$

式中　　R——总电阻，单位为 Ω；

R_1、R_2、R_3——分电阻，单位为 Ω。

2.16 电容串并联的计算

电容并联可增大电容量，串联可减小电容量。

电容串联后容量是减小了，但是这样可以增加耐压值。两电容（C_1、C_2）串联容量的计算公式如下：

$$C=C_1C_2/(C_1+C_2)$$

电容并联后容量增大了，但是它的耐压值不变。两电容（C_1、C_2）并联后容量的计算公式如下：

$$C=C_1+C_2$$

多个电容串联、并联计算公式比较如下：

电容值

$$C=\frac{Q}{U}$$

电容串联

$$\frac{1}{C}=\frac{1}{C_1}+\frac{1}{C_2}+\frac{1}{C_3}+\cdots+\frac{1}{C_n}$$

电容并联

$$C=C_1+C_2+C_3+\cdots+C_n$$

式中　Q——电容器所带电量，单位为 C；

　　　C——电容器的电容量，单位为 F；

　　　U——电容器两端电压，单位为 V。

tips：电容串联后，总的电压等于各个电容的电压之和。

电容并联后，总的电流等于各个电容的电流之和。

电容串联值下降，相当于板距在加长。

电容并联值增加，相当于板面在增大。

电阻的串并联，与电容的串并联计算正相反：电容串联电阻并，电容并联电阻串。

2.17 直流电路其他有关计算公式

全电路欧姆定律

$$I=\frac{E}{R+r}$$

式中　E——电动势，单位为 V；

　　　R——负载电阻，单位为 Ω；

　　　r——电源内阻，单位为 Ω。

电池串联

$$E=E_1+E_2+E_3+\cdots+E_n$$

当 $R \gg r$ 时，$I \approx nE/R$

$$I=\frac{nE}{R+nr}$$

当 $R \ll r$ 时，$I \approx E/r$

电池并联

$$E=E_1=E_2=E_3=E_n$$

当 $R \gg r$ 时，$I \approx E/R$

$$I=\frac{E}{R+\dfrac{r}{n}}$$

当 $R \ll r$ 时，$I \approx nE/r$

电池混联

n 个电池串联后又与 m 串电池并联。

$$I=\frac{nE}{R+\dfrac{nr}{m}}$$

式中　E_1、E_2、$E_3\cdots E_n$——单个电池电源电压，单位为 V；

　　　E——电源电压，单位为 V；

　　　r——电源的内阻，单位为 Ω；

　　　I——电路中电流，单位为 A；

　　　R——外电阻，单位为 Ω；

　　　m——电池串数；

　　　n——每串电池数。

基尔霍夫第一定律——流入任一节点电流的代数和等于零。

$$\sum I_\text{入} = \sum I_\text{出} \text{ 或 } \sum I = 0$$

式中　$\sum I_\text{入}$——流入节点电流之和;

　　　$\sum I_\text{出}$——流出节点电流之和;

　　　$\sum I$——电流代数和。

例:电路如图 2-12 所示。

图 2-12　基尔霍夫第一定律例图

$$I_1 + I_3 + I_4 + I_5 = I_2$$
$$I_2 - I_1 + I_3 + I_4 + I_5 = 0$$

基尔霍夫第二定律——任一回路中,电阻压降的代数和等于电动势代数和

$$\sum IR = \sum E$$

式中　$\sum IR$——电阻压降代数和;

　　　$\sum E$——电动势代数和。

例:电路如图 2-13 所示。

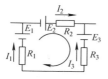

图 2-13　基尔霍夫第二定律例图

$$I_1R_1 + I_2R_2 - I_3R_3 = E_1 + E_2 - E_3$$

电阻星形联结等效变换为三角形联结如图 2-14 所示。

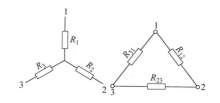

图 2-14　星形联结等效变换为三角形

$$R_{12} = R_1 + R_2 + \frac{R_1R_2}{R_3}$$

$$R_{23} = R_2 + R_3 + \frac{R_2R_3}{R_1}$$

$$R_{31} = R_3 + R_1 + \frac{R_3R_1}{R_2}$$

电阻三角形联结等效变换为星形联结如图 2-15 所示。

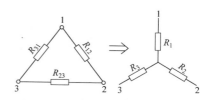

图 2-15　三角形联结等效变换为星形联结

$$R_1 = \frac{R_{12}R_{31}}{R_{12} + R_{23} + R_{31}}$$

$$R_2 = \frac{R_{12}R_{23}}{R_{12} + R_{23} + R_{31}}$$

$$R_3 = \frac{R_{23}R_{31}}{R_{12} + R_{23} + R_{31}}$$

式中　R_1、R_2、R_3——星形联结的电阻;

　　　R_{12}、R_{23}、R_{31}——等效变换成三角形联结后的电阻。

2.18　交流电路有关计算公式

周期、频率、角频率

$$T = \frac{1}{f} = \frac{2\pi}{\omega}$$

$$f = \frac{1}{T} = \frac{\omega}{2\pi}$$

$$\omega = 2\pi f = \frac{2\pi}{T}$$

式中　T——周期，单位为 s ；

f——频率，单位为 Hz ；

ω——角频率，单位为 rad/s。

正弦交流电的最大值

$$I_m=\sqrt{2}\,I$$
$$U_m=\sqrt{2}\,U$$
$$E_m=\sqrt{2}\,E$$

正弦交流电的有效值

$$I=\frac{I_m}{\sqrt{2}}=0.707\,I_m$$

$$U=\frac{U_m}{\sqrt{2}}=0.707\,U_m$$

$$E=\frac{E_m}{\sqrt{2}}=0.707\,E_m$$

正弦交流电的平均值

$$I_P=\frac{2}{\pi}I_m=0.637\,I_m$$

$$U_P=\frac{2}{\pi}U_m=0.637\,U_m$$

$$E_P=\frac{2}{\pi}E_m=0.637\,E_m$$

式中　I_m——电流最大值，单位为 A ；

I——电流有效值，单位为 A ；

I_P——电流平均值，单位为 A ；

U_m——电压最大值，单位为 V ；

U——电压有效值，单位为 V ；

U_P——电压平均值，单位为 V ；

E_m——电动势最大值，单位为 V；

E——电动势有效值，单位为 V；

E_P——电动势平均值，单位为 V。

纯电阻电路如图 2-16 所示。

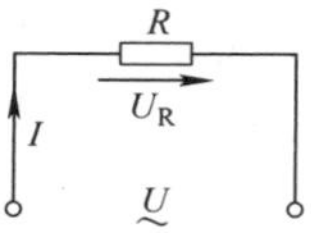

图 2-16　纯电阻电路

$$I=\frac{U}{R}=\frac{U_R}{R}$$
$$P=IU_R$$
$$\cos\phi=1$$
$$i=I_m\sin\omega t\,（A）$$
$$u=U_m\sin\omega t\,（V）$$

式中　U_R——电阻两端电压，单位为 V；

i——电流的瞬时值，单位为A；

$\cos\phi$——功率因数；

P——有功功率，单位为 W ；

u——电压的瞬时值，单位为V。

纯电感电路如图 2-17 所示。

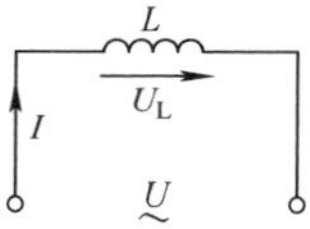

图 2-17　纯电感电路

$$X_L=\omega L=2\pi fL$$

$$I=\frac{U_L}{X_L}=\frac{U_L}{\omega L}=\frac{U_L}{2\pi fL}$$

$$Q_L=IU_L=I^2X_L=I^2\omega L$$
$$\cos\phi=0$$
$$i=I_m\sin\omega t\,（A）$$
$$u_L=U_{Lm}\sin（\omega t+90°）\,（V）$$

式中　X_L——感抗，单位为 Ω ；

U_L——电感两端电压，单位为V；

L——电感量，单位为 H ；

u_L——电感上的电压瞬时值，单位为 V ；

Q_L——电感上的无功功率，单位为 var。

纯电容电路如图 2-18 所示。

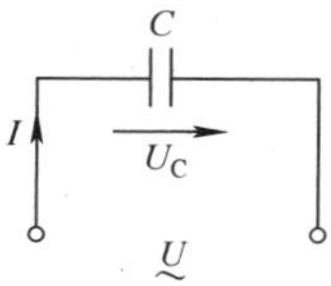

图 2-18　纯电容电路

$$X_C = \frac{1}{\omega C} = \frac{1}{2\pi f C}$$

$$I = \frac{U_C}{X_C} = U_C \omega C = U_C 2\pi f C$$

$$Q_C = IU_C = I^2 X_C = U^2 \omega C$$

$$\cos\phi = 0$$

$$i = I_m \sin\omega t \ （A）$$

$$u_C = U_{Cm}\sin（\omega t - 90°）（V）$$

式中　X_C——容抗，单位为 Ω；

　　　U_C——电容两端电压，单位为 V；

　　　u_C——电容上的电压瞬时值，单位为 V；

　　　C——电容量，单位为 F；

　　　Q_C——电容上的无功功率，单位为 var。

电阻、电感串联电路如图 2-19 所示。

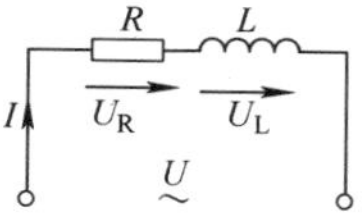

图 2-19　电阻、电感串联电路

$$Z = \sqrt{R^2 + X_L^2}$$

$$U_R = IR$$

$$U = IZ = \sqrt{U_R^2 + U_L^2}$$

$$I = \frac{U}{Z} = \frac{U}{\sqrt{R^2 + X_L^2}}$$

$$U_L = IX_L$$

$$\cos\phi = \frac{R}{Z} = \frac{U_R}{U} = \frac{P}{S}$$

$$P = IU_R = IU\cos\phi$$

$$S = IU = \sqrt{P^2 + Q_L^2}$$

$$u_R = U_{Rm}\sin\omega t \ （V）$$

$$Q_L = IU_L = IU\sin\phi$$

$$i = I_m \sin\omega t \ （A）$$

$$u_L = U_{Lm}\sin（\omega t + 90°）（V）$$

$$u = U_m\sin（\omega t + \phi）（V）$$

式中　Z——阻抗，单位为 Ω，

　　　S——视在功率，单位为 VA。

电阻、电容串联电路如图 2-20 所示。

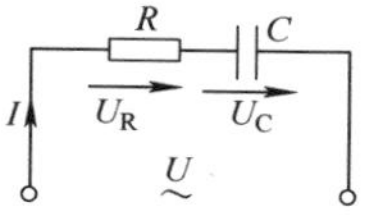

图 2-20　电阻、电容串联电路

$$Z = \sqrt{R^2 + X_C^2}$$

$$U = IZ = \sqrt{U_R^2 + U_C^2}$$

$$S = IU = \sqrt{P^2 + Q_C^2}$$

$$I = \frac{U}{Z} = \frac{U}{\sqrt{R^2 + X_C^2}}$$

$$\cos\phi = \frac{R}{Z} = \frac{U_R}{U} = \frac{P}{S}$$

$$i = I_m \sin\omega t \ （A）$$

$$u_R = U_{Rm}\sin\omega t \ （V）$$

$$U_R = IR$$

$$U_C = IX_C$$

$$P = IU_R = IU\cos\phi$$

$$Q_C = IU_C = IU\sin\phi$$

$$u_C = U_{Cm}\sin（\omega t - 90°）（V）$$

$$u = U_m\sin（\omega t - \phi）（V）$$

式中　Z——阻抗，单位为 Ω；

　　　S——视在功率，单位为 VA。

电阻、电感、电容串联电路如图 2-21 所示。

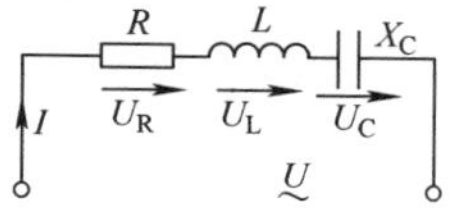

图 2-21　电阻、电感、电容串联电路

$$Z=\sqrt{R^2+(X_L-X_C)^2}$$

$$I=\frac{U}{Z}=\frac{U}{\sqrt{R^2+(X_L-X_C)^2}}$$

$$U_R=IR$$

$$U_L=IX_L$$

$$U_C=IX_C$$

$$U=IZ=\sqrt{U_R^2+(U_L-U_C)^2}$$

$$\cos\phi=\frac{R}{Z}=\frac{U_R}{U}=\frac{R}{S}$$

$$P=IU_R=IU\cos\phi$$

$$Q=I(U_L-U_C)=Q_L-Q_C$$

$$S=IU=\sqrt{P^2+(Q_L-Q_C)^2}$$

$$i=I_m\sin\omega t\ (A)$$

$$u=U_m\sin(\omega t\pm\phi)\ (V)$$

式中　$X_L>X_C$——感性电路；

　　　$X_L<X_C$——容性电路；

　　　Z——阻抗，单位为 Ω；

　　　S——视在功率,单位为VA。

电阻、电感并联电路如图2-22所示。

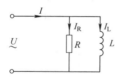

图2-22　电阻、电感并联电路

$$\frac{1}{Z}=\sqrt{\left(\frac{1}{R}\right)^2+\left(\frac{1}{X_L}\right)^2}=\sqrt{g^2+b_L^2}$$

式中　g——电导，$g=\frac{1}{R}$；

　　　b_L——感纳，$b_L=\frac{1}{X_L}$。

电阻、电容并联电路如图2-23所示。

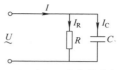

图2-23　电阻、电容并联电路

$$\frac{1}{Z}=\sqrt{\left(\frac{1}{R}\right)^2+\left(\frac{1}{X_C}\right)^2}=\sqrt{g^2+b_C^2}$$

式中　g——电导，$g=\frac{1}{R}$；

　　　b_C——容纳，$b_C=\frac{1}{X_C}$。

电阻、电容、电感并联电路如图2-24所示。

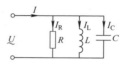

图2-24　电阻、电容、电感并联电路

$$\frac{1}{Z}=\sqrt{\left(\frac{1}{R}\right)^2+\left(\frac{1}{X_L}-\frac{1}{X_C}\right)^2}=\sqrt{g^2+b^2}$$

式中　g——电导，$g=\frac{1}{R}$；

　　　b——电纳，$b=b_L-b_C=\frac{1}{X_L}-\frac{1}{X_C}$。

电阻、电感串联后与电容并联电路如图2-25所示。

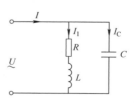

图2-25　电阻、电感并联后与电容并联电路

$$I_1 = \frac{U}{\sqrt{R^2 + X_L^2}}$$

$$I_C = \frac{U}{X_C}$$

$$\bar{I} = \bar{I}_1 + \bar{I}_C$$

$$I = \sqrt{I_{1\text{有}}^2 + (I_{1\text{无}} - I_C)^2}$$
$$= \sqrt{(I_1 \cos \phi_1)^2 + (I_1 \sin \phi_1 - I_C)^2}$$

$$\cos \phi = \frac{I_1 \cos \phi_1}{I}$$

$$= \frac{I_1 \cos \phi_1}{\sqrt{(I_1 \cos \phi_1)^2 + (I_1 \sin \phi_1 - I_C)^2}}$$

$$\mathrm{tg}\, \phi = \frac{I_{1\text{无}} - I_C}{I_{1\text{有}}} = \frac{I_1 \sin \phi_1 - I_C}{I_1 \cos \phi_1}$$

式中 I_1——电阻电感支路电流,单位为 A;

$\quad\quad I_C$——电容支路电流,单位为 A;

$\quad\quad I$——总电流,单位为 A;

$\quad\quad I_{1\text{有}}$——电阻电感支路的有功分量电流,单位为 A;

$\quad\quad I_{1\text{无}}$——电阻电感支路的无功分量电流,单位为 A;

$\quad\quad \cos \phi_1$——未并电容前的电阻、电感电路的功率因数;

$\quad\quad \cos \phi$——并电容后的功率因数。

负载星形联结如图 2-26 所示。

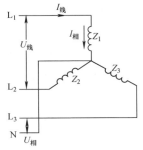

图 2-26　负载星形联结

$$U_{\text{线}} = \sqrt{3}\, U_{\text{相}}$$
$$I_{\text{线}} = I_{\text{相}}$$

式中 $U_{\text{线}}$——线电压,单位为 V;

$\quad\quad U_{\text{相}}$——相电压,单位为 V;

$\quad\quad I_{\text{线}}$——线电流,单位为 A;

$\quad\quad I_{\text{相}}$——相电流,单位为 A。

负载的三角形联结如图 2-27 所示。

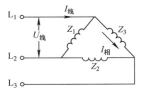

图 2-27　负载三角形联结

$$U_{\text{线}} = U_{\text{相}}$$
$$I_{\text{线}} = \sqrt{3}\, I_{\text{相}}$$

式中 $U_{\text{线}}$——线电压,单位为 V;

$\quad\quad U_{\text{相}}$——相电压,单位为 V;

$\quad\quad I_{\text{线}}$——线电流,单位为 A;

$\quad\quad I_{\text{相}}$——相电流,单位为 A。

对称三相负载功率

$$P = 3U_{\text{相}} I_{\text{相}} \cos \phi = \sqrt{3}\, U_{\text{线}} I_{\text{线}} \cos \phi$$

$$Q = 3U_{\text{相}} I_{\text{相}} \sin \phi = \sqrt{3}\, U_{\text{线}} I_{\text{线}} \sin \phi$$

$$S = 3U_{\text{相}} I_{\text{相}} = \sqrt{3}\, U_{\text{线}} I_{\text{线}} = \sqrt{P^2 + Q^2}$$

式中 P——三相总的有功功率,单位为 W;

$\quad\quad Q$——三相总的无功功率,单位为 var;

$\quad\quad S$——三相总的视在功率,单位为 VA。

第 3 章

学懂就赚——水电业务计算

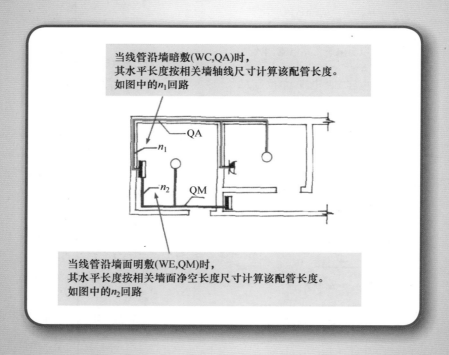

当线管沿墙暗敷(WC,QA)时，
其水平长度按相关墙轴线尺寸计算该配管长度。
如图中的n_1回路

当线管沿墙面明敷(WE,QM)时，
其水平长度按相关墙面净空长度尺寸计算该配管长度。
如图中的n_2回路

3.1 建筑安装工程计价计算

建筑安装工程计价计算包括分部分项工程费、措施项目费、其他项目费、规费和税金等，其计算见表 3-1。

表 3-1　建筑安装工程计价计算

项目	计算
分部分项工程费	分部分项工程费 = $\sum$（分部分项工程量 × 综合单价） 式中　综合单价为：包括人工费、材料费、施工机具使用费、企业管理费、利润以及一定范围的风险费用
措施项目费	（1）可计算工程量的措施项目的措施项目费如下： 措施项目费 = $\sum$（措施项目工程量 × 综合单价） （2）国家计量规范规定不予计量的措施项目：安全文明施工费、夜间施工增加费、二次搬运费、冬雨季施工增加费、已完工程及设备保护费等
其他项目费	（1）暂列金额为：由建设单位根据工程特点和有关计价规定估算。 （2）计日工为：由建设单位、施工企业，根据施工过程中的签证计价。 （3）总承包服务费为：由建设单位在招标控制价中根据总包服务范围、有关计价规定编制，施工企业投标时自主报价，施工过程中根据签约合同价执行
规费、税金	建设单位、施工企业均需要根据省、自治区、直辖市或行业建设主管部门发布的标准计算规费、税金，不得作为竞争性费用

国家计量规范规定不予计量的措施项目的计算方法见表 3-2。

表 3-2　国家计量规范规定不予计量的措施项目的计算方法

项目	计算
安全文明施工费	安全文明施工费 = 计算基数 × 安全文明施工费费率（%） 式中　计算基数为：一般应为定额基价（定额分部分项工程费 + 定额中可以计量的措施项目费）、定额人工费或（定额人工费 + 定额机械费），其费率一般由工程造价管理机构根据各专业工程的特点综合来确定
夜间施工增加费	夜间施工增加费 = 计算基数 × 夜间施工增加费费率（%）
二次搬运费	二次搬运费 = 计算基数 × 二次搬运费费率（%）
冬雨季施工增加费	冬雨季施工增加费 = 计算基数 × 冬雨季施工增加费费率（%）
已完工程及设备保护费	已完工程及设备保护费 = 计算基数 × 已完工程及设备保护费费率（%）

3.2 建筑安装工程人工费的计算

建筑安装工程人工费的计算公式 1 如下：

人工费 = $\sum$（工日消耗量 × 日工资单价）

tips：该公式主要适用于施工企业投标报价时自主确定人工费，也是工程造价管理机构编制计价定额确定定额人工单价或发布人工成本信息的参考依据。

建筑安装工程人工费的计算公式 2 如下：

人工费 = $\sum$（工程工日消耗量 × 日工资单价）

tips：该公式适用于工程造价管理机构编制计价定额时确定定额人工费，是施工企业投标报价的参考依据。其中，日工资单价为施工企业平均技术熟练程度的生产工人在每工作日（国家法定工作时间内），根据规定从事施工作业应得的日工资总额。

工程造价管理机构确定日工资单价一般是通过市场调查、根据工程项目的技术要求，参考实物工程量人工单价综合来分析确定，最低日工资单价不得低于工程所在地人力资源、社会保障部门所发布的最低工资标准的1.3 倍（普工）、2 倍（一般技工）、3 倍（高级技工）。

工程计价定额不可只列一个综合工日单价，需要根据工程项目技术要求、工种差别适当划分多种日人工单价，确保各分部工程人工费的合理构成。

3.3 建筑安装材料费与设备费的计算

建筑安装材料费与设备费的计算如下：

材料费 = $\sum$（材料消耗量 × 材料单价）

材料单价 =[(（材料原价 + 运杂费）× 〔1+ 运输损耗率 (%)〕] × [1+ 采购保管费率 (%)]

设备费 = $\sum$（工程设备量 × 工程设备单价）

工程设备单价 =(设备原价 + 运杂费）× [1+ 采购保管费率 (%)]

3.4 装修总造价的计算

装修总造价包括基本项目、管理费、税金等，其中：

基本项目 = 材料费 + 人工费……①

管理费 = ① ×5%……②

税金 = （① + ②）×3.41%……③

装修总造价 = ① + ② + ③

装修总造价的估算方法如下：

1. **直接费用 + 直接费用 × 综合系数 = 总造价**

直接费用包括材料、设备辅料、运费、人工费。

综合系数包括利润、各种施工收费、税金费。综合系数一般为 20% 左右，其中税金大约为 3.8%，管理费为 7%~10%。

【举例】 一装修工程直接费用为 2 万元，综合系数为 20%，则该装修工程总造价是多少？

解：根据 总造价 = 直接费用 + 直接费用 × 综合系数 得

总造价 =20000+20000 × 20%

=24000（元）

tips：总造价 = 直接费用 + 直接费用 × 综合系数，是一般在每一样材料的单价不超过市场指导价情况下采用透明报价的一种计算方法。与该方法相对应的一种比较简单的方法为：总造价 = 材料费 + 人工费。

2. **单项工程包工包料造价相加的总和 = 总造价**

单项工程包工包料造价相加的总和 = 总造价，就是首先将各项工程的单项造价逐一算出，然后相加，其总和就是总造价。

如果用户（业主）自己提供材料、设备，则需要扣除相应的材料款或设备款。

装修总造价的估算，一般包工包料的方法采用比较多，特殊装饰的价格一般另议。

如果装修总造价确定一次包死，但的确发生了变更，则需要明确是否另做增账、减账处理。

3.5 峰谷分时电价电量的计量与计算

峰谷分时电价是在电网目录电价的基础上确定高峰、非峰谷、低谷的电价。

实行峰谷分时电价的用户，必须装有由供电部门统一安装的分时电能表，分别计量高峰、低谷、非峰谷时段的用电量。

电度电费与总电费的计算如下：

高峰电度电费＝高峰时段的用电量 × 高峰电价

低谷电度电费＝低谷时段的用电量 × 低谷电价

非峰谷电度电费＝非峰谷时段的用电量 × 非峰谷电价

总电费＝（高峰电度电费＋低谷电度电费＋非峰谷电度电费＋基本电费）×（1± 功率因数调整电费增减率）

3.6 节电量的计算

节电量的计算方法，有单品能耗对比法、技术措施法等。其中，单位产品电耗（电耗定额对比法、电耗同期对比法）与单位产品电耗计划比较如下：

节电量（kW·h）＝（单位产品电耗计划 – 本期实际单位产品电耗）× 本期实际产量

与去年同期比节电量（kW·h）＝（去年同单位产品电耗 – 本期实际单位产品电耗）× 本期实际产量

当产品品种多或产品不定型，可以用万元产值耗电量计算节电量，计算公式如下：

与同期比节电量（kW·h）＝（去年同期万元产值耗电 – 本期实际万元产值耗电）× 本期实际万元产值

与计划比节电量（kW·h）＝（万元产值电耗计划 – 本期实际万元产值耗电）× 本期实际万元产值

3.7 家装施工面积的计算方法

家装中，最直接触及消费者个人利益的就是工程造价。影响工程造价的因素有很多，包括施工工艺的难易程度、施工工程面积的多少、材料的差异等。

家装中所涉及的项目大致分为墙面、天棚、地面、门、窗、家具等几个部分。因此，计算施工面积常涉及这些项目。

1. 计算墙面面积

墙面（包括柱面）的装饰材料一般包括：墙砖、壁纸、软包、涂料、石材、护墙板、踢脚线等。计算面积时，材料不同，计算方法也不同。

涂料、壁纸、软包、护墙板的面积，根据长度乘以高度，单位一般以 m² 来计算。长度根据主墙面的净长来计算，高度有墙裙者从墙裙顶点算到楼板底面，无墙裙者从室内地面算到楼板底面，有吊顶天棚的从室内地面（或墙裙顶点）算到天棚下沿再加20cm。

门、窗所占面积，需要扣除（1/2），但不扣除踢脚线、挂镜线、单个面积在 0.3m² 以内的孔洞面积和梁头与墙面交接的面积。

安装踢脚线的面积，根据房屋内墙的净周长来计算，单位一般为 m²。

镶贴石材、墙砖时，根据实铺面积以 m² 来计算。

2. 计算天棚面积

天棚（包括梁）的装饰材料一般包括涂料、吊顶、顶角线（装饰角花）、采光顶棚等。天棚施工的面积，一般根据墙与墙间的净面积以单位"m²"来计算，不扣除间壁墙、穿过天棚的柱、垛和附墙烟囱等所占面积。

天棚（包括梁）顶角线长度，一般根据房屋内墙的净周长以单位 m 来计算。

3. 计算地面面积

地面的装饰材料一般包括木地板、地砖（或石材）、地毯、楼梯踏步、楼梯扶手等。地面面积，一般根据墙与墙间的净面积以单位 m² 来计算，不扣除间壁墙、穿过地面的柱、垛和附墙烟囱等所占面积。

楼梯踏步的面积，一般根据实际展开面积以单位 m² 来计算，不扣除宽度在 30cm 以内的楼梯井所占面积。

楼梯扶手与楼梯栏杆的长度，可根据其全部水平投影长度（不包括墙内部分）乘以系数 1.15 以"延长米"来计算。其他栏杆、扶手长度，可以直接根据"延长米"来计算。

家具的面积计算没有固定的要求。但是需要注意，每种家具的计量单位需要保持一致。

3.8 家装预算

家装工程预算定额是家庭装修的重要组成部分，其关系到业主经济能力、经济合理分配等情况。一般而言，家装工程预算定额是家装工程后期的结算定额标准与依据，其间的差额一般在 3%~5% 之间。

室内装修工程预算的编制依据：装饰工程设计图、装饰效果图、装饰工程施工方案等。

室内装修工程预算的编制方法与步骤：①收集资料；②熟悉图纸内容，掌握设计意图；③阅读定额说明，计算工程量；④套用定额或单位估价表，计算直接费用。

tips：施工图是计算工程量、套用预算定额的主要依据。为此，需要认真阅读以下一些内容，如标高与尺寸，装饰材料及做法，装饰部位与其构件的连接处理和做法要求等。

装修预算中的人工、材料、机械消耗量是预算定额中的主要指标，其计算公式如下：

定额人工费 = 定额工日数 × 日工资标准

定额材料费 = 材料数量 × 材料预算价格 + 机械消耗费

（机械消耗费是材料费的 1%~2%）

实际装修中，装修预算费用计算公式如下：

装修预算费用 = 材料费 + 人工费 + 损耗费 + 运输费 + 机具费 + 管理费 + 税费

由于各地的物料价格不同，装修费用也不尽相同，但是装修工程量计算公式是一致的。

家装物业押金及物业管理费需要首先确定好，是业主承担，还是装修公司承担。

家装税费 =（工程造价 + 管理费用）× 0.0341

家装合同总价 = 工程造价 + 管理费用 + 税费

家装单位造价 = 合同总价 / 建筑面积

说明：营改增后选择一般计税法，建筑业增值税税率为 11%；选择简易计税法或小规模纳税人，建筑业增值税税率为 3%。具体标准或调整标准，需要看现行有关营改增具体文件、法规。

tips：装修预算中水电安装参考价格见表 3-3。

表 3-3 装修预算中水电安装参考价格

改水参考报价		
项目	参考报价	当地参考报价
水管改造（PPR 管）	38~46 元 /m	
排水管改造(50 及以下管径)	50~80 元 /m	
阀门（直径 20mm）	65 元 / 个	
阀门（直径 25mm）	80 元 / 个	
开挖卫生间沉积层	60 元 /m²	
水管明装	45 元 /m，材质 20PPR	
下水管安装	60 元 /m，材质 50PVC	
改电参考报价		
项目	参考报价	当地参考报价
2.5mm² 强电改造	23 元 /m	
4mm² 强电改造	28 元 /m	
6mm² 强电改造	38 元 /m，原管穿墙电线 18 元 /m	
暗盒	5~15 元 / 个不等	
墙体打孔	10~30 元 / 孔	
电视线、电话线、网线	每米在 20 元左右	
开关插座	100~200 元	

【举例 1】 一住宅室内装修工程造价计算表见表 3-4。

表 3-4 一住宅室内装修工程造价计算表

序号	名 称	数额或者计算公式
（一）	人工费	
（二）	材料费	
（三）	设计费	
（四）	清洁费	
（五）	搬运费	
（六）	运输费	
（七）	管理费	［（一）+（二）+（三）+（四）+（五）+（六）］×（5%~10%）
（八）	甲供材料小计	
（九）	甲供材料保管费	
（十）	合计	（一）+（二）+（三）+（四）+（五）+（六）+（七）-（八）+（九）
（十一）	税费	（十）×3.41%
（十二）	总价	（十）+（十一）

说明：该表参考价只适用于普通装饰装修工程。业主有特殊施工工艺或高档装饰材料要求的工程，人工费可由业主与装潢企业另行约定。

【举例2】 PVC 电线管规格 & 价格（价格仅供参考）见表 3-5。

表 3-5 PVC 电线管规格 & 价格（价格仅供参考）

品 名	规格 /mm	参考单价 /元	品 名	规格 /mm	参考单价 /元
PVC 电线管（405）	16	2.76	PVC 电线管（305）	16	2.22
PVC 电线管（405）	20	4.17	PVC 电线管（305）	20	3.11
PVC 电线管（405）	25	6.14	PVC 电线管（305）	25	4.45
PVC 电线管（405）	32	8.82	PVC 电线管（305）	32	7.44
PVC 电线管（405）	40	11.6	PVC 电线管（305）	40	9.85
PVC 电线管（405）	50	15.83	PVC 电线管（305）	50	13.52

3.9 水电装修材料清单与参考价格

水电装修材料清单与参考价格见表 3-6。

表 3-6　水电装修材料清单与参考价格

材料名称	规格	品牌	单位	数量	参考价/元	总价	日期
电：电线							
单芯电线	1.5mm²	××	100m/卷		132.00~136.00		
单芯电线	2.5mm²	××	100 m/卷		217.00~225.00		
单芯电线	2.5mm²（双色）	××	100 m/卷		246.00		
电话线	四芯电话线0.5mm 铜芯	××	m		1.50~1.60		
断路器	断路器5SY3016-7kV	××	个				
断路器	断路器 DA47二进二出 16A	××	个		32.50		
断路器	DPN 型1P,16A	××	个		31.00		
漏电保护器	5SU9356-1SK40	××	个				
漏电保护器	C65NLE-1P63A	××	个				
配电箱	12+2 路	××	个		75.00~132.00		
三芯护套线	2.5mm²	××	100 m/卷		826.00~830.00		
网线		××	m		2.8~3.00		
音响线	2×1.52	××	m		3.60		
音响线	100 支	××	m		3.70		
有线电视线		××	100 m/卷		492.00~494.00		
有线电视线		××	m		5.80		
电：开关							
50 系列调光开关	500A250V	××	个		25.95		
50 系列二位单极琴键开关（带荧光指示）	10A250V	××	个		11.1~12.95		

（续）

材料名称	规格	品牌	单位	数量	参考价/元	总价	日期
50 系列风扇调速开关	100A250V	××	个		25.95		
50 系列门铃开关（带荧光指示）	250V	××	个		11.15		
50 系列三位单极琴键开关（带荧光指示）	10A250V	××	个		14.65		
50 系列三位双路琴键开关（带荧光指示）	10A250V	××	个		16.80		
50 系列一位单极琴键开关（带荧光指示）	10A250V	××	个		8.1		
50 系列一位双路琴键开关（带荧光指示）	10A250V	××	个		9.35		
大跷板门铃开关	250V	××	个		12.75		
单联单控大跷板开关	10A250V	××	个		9.55		
单联双控大跷板开关	10A250V	××	个		12.26		
三联单控大跷板开关	10A250V	××	个		18.35		
三联双控大跷板开关	10A250V	××	个		21.35		
双联单控大跷板开关	10A250V	××	个		13.45		
双联双控大跷板开关	10A250V	××	个		16.15		
一位调光开关	500A250V	××	个		52.95		
一位风扇调速开关	100A250V	××	个		52.95		
电：插座							
50 系列二位电话插座	带保护门带标签	××	个		27.35		

（续）

材料名称	规格	品牌	单位	数量	参考价/元	总价	日期
50系列二位两极双用插座		××	个		8.9		
50系列二位美式插座	10A250V(适用于计算机)	××	个		20.3		
50系列二位信息插座	带保护门带标签	××	个		76.05		
50系列两极带接地插座	10A250V	××	个		7.7		
50系列两极加两极带接地插座		××	个		10.6		
50系列一位电话插座	带保护门带标签	××	个		18.40		
50系列一位电视插座		××	个		12.15		
50系列一位宽频电视插座	5~1000MHz,全屏蔽	××	个		27.65		
50系列一位两极双用插座	10A250V	××	个		5.65		
50系列一位信息插座	带保护门带标签	××	个		39.10		
二位八芯计算机插座		××	个		82.45		
二位电话插座		××	个		50.35		
二位二极扁圆两用插座	10A250V	××	个		11.2		
宽频电视调频插座	5~1002MHz,全屏蔽	××	个		33.40		
双孔宽频电视插座	5~1001MHz,全屏蔽	××	个		33.40		
一位八芯计算机插座		××	个		48.15		
一位电话插座		××	个		31.40		
一位电视插座		××	个		18.55		
一位二极扁圆插座	10A250V	××	个		6.8		

（续）

材料名称	规格	品牌	单位	数量	参考价/元	总价	日期
一位宽频电视插座		××	个		36.05		
一位联体二三极插座		××	个		11.8		
一位三极插座	10A250V	××	个		8.8		
电：灯具							
厨房灯	嵌入式 BW-CWA15-60	××	盏				
厨房灯	TDB03-12	××	盏				
光源	BW-GYEB03C	××					
客厅灯	BSD5800-8	××	盏				
客厅灯	BW-THCW03C	××	盏				
客卫灯	BW-TDA07W	××	盏				
客卫灯	BW-TDC01-07	××	盏				
阳台灯	JP6012	××	盏				
主厅灯	BW-TDA07W	××	盏				
主厅灯	BSD5800-3	××	盏				
主卫灯	BW-RGGA8C	××	盏				
主卧灯	BSD5850-6	××	盏				
主卧灯	BW-THDW03W	××	盏				
电：辅料							
暗盒	86型	××	个		1.40~1.50		
白炽灯	普通白炽灯100W	××	盏		2.00		
白炽灯	T8 18W、30W、36W	××	盏		7.00		
电线管	4分管315	××	根（3.03m）		1.10~1.20		
电线管	6分管315	××	根（3.03m）		1.40~1.50		
硅胶	硅胶300ml	××	瓶		16.50~17.50		
绝缘胶布		3M	卷		2.30		
入盒接头锁扣	4分管	××	只		0.35		

（续）

材料名称	规格	品牌	单位	数量	参考价/元	总价	日期
入盒接头锁扣	6分管	××	只		0.40		
软管	40cm	××	根		12.00		
三角阀	水道阀门	××	只		12.00~13.00		
弯管弹簧	4分管	××	根		5.00		
弯管弹簧	6分管	××	根		5.00		
直接	4分管	××	只		0.25		
直接	6分管	××	只		0.30		
水							
PPR水管		××	套		900.00~1300.00		
厨房水槽	ES106	××	个				
厨房水龙头		××	个		24.00		
淋浴整体房	anl 004（拉手）900mm×900mm×1850mm	××	套				
淋浴整体房	E-02 900mm×900mm×1900mm	××	套				
马桶	3484AG+34145V+801382	××	套				
马桶	AB1319MD/LD	××	套				
拖把池	aM8407	××	个				
卫生间台盆	327382+337380	××	个				
卫生间台盆	aP3309/aL9309B	××	个				
卫生间台盆龙头	L4887	××	个				
卫生间台盆龙头	TH-1419	××	个				
洗衣机龙头		××	个		22.00		
浴缸	231070	××	套				
浴缸	IICT-2135.202	××	套				
浴缸龙头	L2887	××	只				

（续）

材料名称	规格	品牌	单位	数量	参考价/元	总价	日期
水：辅料							
金属软管（马桶进水管）		×× 配套	根		15.00~20.00		
三角阀（马桶角阀）		×× 配套	只		15.00~20.00		
台盆落水（脸盆下水 P 弯）		×× 配套	套		35.00		
浴缸落水（浴缸下水）		×× 配套	套		150.00		
合计							

tips：选择材料时砍单价还是砍合计价？

选择材料时，如果砍单价，则因数量多，则最终的节省，可能比砍合计价要多一些，并且砍单价后，还可以砍合计价，尤其是那些零头数。

选择材料时，如果砍合计价，则是单笔数字，往往不可能砍很多，一般是砍掉零头数。有经验的，根据实际价格，可以在合计价采取折扣。

tips：选择可以退货补货的供货商（店）。

选择材料时，难免不超预算，或者预算不足。因此，选择可以退货补货的供货商（店），这样超预算时可退货，避免经济损失。对于超过材料数量不多的，可以保留，以便维修、改造时使用。

有的供货商（店）对于超预算有要求，例如不超预算10%的不退货。

3.10 水电安装预算

水电安装在民用建筑安装、装修工程中占据很大部分，其安装工程预算是具有专业性、知识性等很强的一项技能。

水电安装预算需要掌握一定的预结算专业知识、有关政策法规、相关专业设计与施工方法、材料设备采购、投资控制等一些知识。

电安装人工费的计算，预算定额中的人工单价包括基本工资、辅助工资、工资性质津贴、交通补助、劳动保护费等内容。

水暖安装人工费的计算，管工安装人工费的计算——主要由材料费（水管＋配件及耗材）、服务费（安装费及特殊服务费）等组成。

一些水电安装预算常遇到的问题见表3-7。

表 3-7　一些水电安装预算常遇到的问题

项目	解　说
铜芯电缆头	铜芯电缆头是根据制作的工艺来确定的，其中可分干包式、浇注式、热缩式。但有时电缆头只做简单的压接，此时就不可套用电缆头制作，而应根据压铜接线端子来计算
控制电缆定额	对于控制电缆，一般根据电缆的芯数不同以每 100m 来计量
排水管件定额	定额子目内，检查口是不能套用子目的。存水弯要分情况，有定额子目的，落水斗需要借用土建定额
风管的计算	风管，一般根据图注不同规格以展开面积来计算，其长度一般以图注中心线长度为准

【举例 1】　一工程装修预算水电安装参考计算与要求见表 3-8。

表 3-8　一工程装修预算水电安装参考计算与要求

项目	要求	备注说明
水路装修工程		
"XX管业"25mm PPR 进水管	（1）根据进水管道延长米来计算。（2）该项收费为预收费用，结算时根据实际发生工程量结算，但是每套住宅最低根据 3 m 计算	（1）不含洁具、设备安装费用。（2）工程验收后，如果因质量发生漏水，免费维修保修，但不做其他经济赔偿
50mm 下水管安装铺设	（1）根据下水管道延长米计算。（2）该项收费为预收费用，结算时根据实际发生工程量结算，但是每套住宅最低根据 1m 计算	（1）如果需打孔钢筋混凝土，需要另加 50 元／孔。（2）不含洁具、设备安装费用。（3）工程验收后，如果因质量发生漏水，免费维修保修，但不做其他经济赔偿
防水砂浆地面做防水	根据工程展开面积计算	（1）完成后必须进行 24h 闭水实验。（2）工程验收后，如果因质量发生漏水，免费维修保修，但不做其他经济赔偿
防水涂料地面做防水	根据工程展开面积计算	（1）完成后必须进行 24h 闭水实验。（2）工程验收后，如果因质量发生漏水，免费维修保修，但不做其他经济赔偿
电路铺设		
6mm^2 专用插座线路走线（不开槽）	根据实际施工 PVC 管长度数量计算	（1）本项为预收费项目。（2）注意预收费与结算额可能差距较大。（3）本项不含开关面板

（续）

项目	要求	备注说明
6mm² 专用插座线路走线（开槽）	根据实际施工 PVC 管长度数量计算	（1）本项为预收费项目。（2）注意预收费与结算额可能差距较大。（3）本项不含开关面板。（4）为避免多处开槽，管槽内可根据实际放多根线管，该部分线管均根据开槽类计算
吊顶、地板走线（不开槽）	（1）根据实际施工 PVC 管长度数量来计算。（2）根据 PVC 管长度来计算，管内不多于 4 根电线。（3）视频线、网络线必须单独排放，并且与强电线路距离必须在 300mm 以上	（1）本项为预收费项目。（2）注意预收费与结算额可能差距较大。（3）本项不含开关面板
墙体、地板走线（开槽）	（1）根据实际施工 PVC 管长度数量来计算。（2）根据 PVC 管长度来计算，管内不多于 4 根电线。（3）视频线、网络线必须单独排放，并且与强电线路距离必须在 300mm 以上	（1）本项为预收费项目。（2）注意预收费与结算额可能差距较大。（3）本项不含开关面板。（4）为避免多处开槽，管槽内可根据实际放多根线管，该部分线管均根据开槽类计算
开关、插座安装人工、辅料		
开关、插座安装（含底盒）	（1）根据单件数量计算。（2）线路另行计算	（1）业主提供开关、插座。（2）安装后，如果产品质量有问题，装修安装方可负责协助业主重新安装
灯具安装人工、辅料		
T4 管安装	根据单套数量计算（线路另行计算）	业主提供灯具及一切配件，如果产品质量有问题，装修安装方可负责协助业主重新安装
花灯、餐灯安装	根据单件数量计算（线路另行计算）	业主提供灯具及一切配件，如果产品质量有问题，装修安装方可负责协助业主重新安装
软管灯安装	根据延长米计算（线路另行计算）	业主提供灯具及一切配件，如果产品质量有问题，装修安装方可负责协助业主重新安装
射灯安装	根据单套数量计算（线路另行计算）	业主提供灯具及一切配件，如果产品质量有问题，装修安装方可负责协助业主重新安装
筒灯安装	根据单套数量计算（线路另行计算）	业主提供灯具及一切配件，如果产品质量有问题，装修安装方可负责协助业主重新安装

（续）

项目	要求	备注说明
吸顶灯、壁灯安装	根据单件数量计算（线路另行计算）	业主提供灯具及一切配件，若产品质量有问题，装修安装方可负责协助业主重新安装
小型灯具安装	根据单件数量计算（线路另行计算）	业主提供灯具及一切配件，如果产品质量有问题，装修安装方可负责协助业主重新安装
浴霸安装	根据单件数量计算（线路另行计算）	业主提供浴霸及一切配件如果产品质量有问题，装修安装方可负责协助业主重新安装
安装洁具人工、辅料		
安装镜子	根据单套数量来计算	不含镜面及安装配件
带裙边浴缸安装	（1）根据单件数量来计算。（2）安装按摩浴缸价格另外计	（1）业主提供洁具及一切配件。（2）如果装修安装方（装修公司）提供主材，则需另外签代买协议（3）工程验收后，如果因质量发生漏水，免费维修保修，但不做其他经济赔偿
单件洁具安装	（1）根据单件数量来计算。（2）台盆、小便器、妇洗器、坐便器、淋浴器类等	（1）业主提供洁具及一切配件。（2）如果装修安装方（装修公司）提供主材，则需另外签代买协议（3）工程验收后，如果因质量发生漏水，免费维修保修，但不做其他经济赔偿
防臭地漏	根据单件数量计算	地漏为理想指定产品
五金安装	（1）根据单套数量来计算。（2）毛巾环、浴巾架、浴缸拉手、肥皂盒、杯托架等	不含五金件与安装配件

【举例2】 另外一工程装修预算水电安装参考计算与要求见表3-9。

表3-9　另外一工程装修预算水电安装参考计算与要求

水电项目	参考单价/元	单位	工艺、材料说明
强电			
不开槽布线	38	m	（1）采用2.5mm² 双塑铜线穿PVC阻燃管。（2）吊顶内，可以直接采用双层塑胶护套线。（3）空调专用线用4mm²，每米40元。（4）金属管每米另加10元。（5）管内电线无接头，分线处用分线盒。（6）如果业主自购材料，装修水电工方不负责保修，人工费根据该价位的百分之五十计算

（续）

水电项目	参考单价/元	单位	工艺、材料说明
开槽布线	42	m	（1）墙、地面剔槽，埋入 PVC 硬质阻燃管。管内穿 2.5mm² 塑铜线。 （2）空调布线用 4mm² 塑铜线，每米 45 元。 （3）阻燃管内穿线不超过 3 根，如果超过 3 根每米加 5 元。 （4）开宽槽并行布双根以上 PVC 硬管。 （5）金属管每米另加 10 元（内穿线不超过 3 根）。 （6）管内电线无接头，分线处需要用分线盒。 （7）剔槽埋管后，需用石膏或水泥砂浆填平。 （8）如果业主自购材料，装修水电工方不负责保修，人工费根据该价位的百分之五十计算
弱电			
不开槽布线（弱电）	28	m	（1）专用管、配件安装，国标电话线或网线。 （2）金属管每米另加 10 元。 （3）如果业主自购材料，装修水电工方不负责保修，人工费根据该价位的百分之五十计算
开槽布线	32	m	（1）墙、地面剔槽，埋入 PVC 硬质阻燃管，管内穿电视线、电话线。 （2）阻燃管内穿线不超过 2 根，如果超过 2 根每米加 5 元。 （3）弱电（电话、电视）单独穿管。 （4）开宽槽并行布双根以上 PVC 硬管。内穿线不超过 3 根，如果超过 3 根每米加 5 元。 （5）金属管每米另加 10 元。 （6）管内电线无接头，分线处需用分线盒。 （7）剔槽埋管后，用石膏或水泥砂浆填平。 （8）如果业主自购材料，装修水电工方不负责保修，人工费根据该价位的百分之五十计算
水路改造			
PPR 给水管（明装）	50	m	（1）墙面打孔下木楔，镀锌螺钉固定配套卡具，固定 PPR 管。 （2）含等径、异径管套各一个，90°弯头一个。 （3）××牌 4 分 PPR 管或铝塑管。 （4）不含水龙头、设备安装，铜质管件由业主提供。 （5）验收合格后，如果发生漏水情况，只负责维修，但不负责任何赔偿。 （6）如果业主自购材料，装修水电工方不负责保修，人工费根据该价位的百分之五十计算

（续）

水电项目	参考单价/元	单位	工艺、材料说明
PPR 给水管 或（暗装）	58	m	（1）墙面打孔下木楔，镀锌螺钉固定配套卡具，固定 PPR 管。 （2）含等径、异径管套各一个，90° 弯头一个。 （3）PPR 给水管采用 4 分 PPR 管。 （4）如果 PPR 给水管采用 6 分管则每米 55 元。 （5）不含水龙头、设备的安装，铜质管件由业主提供。 （6）验收合格后，如果发生漏水情况，只负责维修，但不负责任何赔偿。 （7）如果业主自购材料，装修水电工方不负责保修，人工费根据该价位的百分之五十计算
暗管开槽、封槽（人工费）	25	m	（1）不足一米，按一米计算。 （2）如果单独封线槽，每米按 20 元计算
下水安装（50-100PVC 管）	50	m	（1）××牌 50-100 PVC 配件专用胶粘剂。 （2）验收合格后，如果发生漏水，只负责维修，但不负责任何赔偿
电器安装			
排风扇	20	台	（1）墙面打孔下木楔，镀锌螺钉固定或安装顶棚上。 （2）含布管道接线，不含开关、插座面板。 （3）排风扇由业主提供
浴霸	25	个	（1）专用螺钉固定。 （2）布线管接线，不含开关面板。 （3）浴霸由业主提供
筒灯、射灯、牛眼灯	8	只	根据要求接线、安装
壁灯、吸顶灯、荧光灯	30	只	
灯带	3	m	安装费
高档灯具		盏	价格另外商议
花式吊灯	60	个	（1）顶棚用膨胀螺栓固定、接线、安装。 （2）该价格不含高级灯具
开关插座面板	5	个	安装费
卫生洁具安装			
面盆、坐便器安装	80	件	（1）坐便器、面盆、五金、软管等均由业主提供。 （2）验收合格后，如果发生漏水，只负责维修，但不负责任何赔偿

（续）

水电项目	参考单价/元	单位	工艺、材料说明
沐浴器安装	40	套	（1）墙壁面打孔下木楔，螺钉固定， （2）球阀截门、喷头等均由业主提供。 （3）验收合格后，如果发生漏水，只负责维修，但不负责任何赔偿
防水			
做防水	56	m²	（1）××牌防水涂料。 （2）雨虹防水涂料，按80元/m²来计算。 （3）如果业主自购材料，装修水电工方不负责保修，人工费根据该价位的百分之五十计算
合计			
水电路预收	×××	m²	××× × 75＝××× ××× 元（全包价格）

【举例3】 一工程装修弱电改造参考报价单与要求见表3-10。

表3-10 一工程装修弱电改造参考报价单与要求

类别	项目	效果、功能	参考施工报价	调整施工报价	说明
电话		星形分布方式，可用于家庭、集团交换机电话系统	150元/端口		该报价不含集团电话交换机
电视	有线电视	新增有线电视接口，高频屏蔽线+XX牌有线面板	180元/端口		该报价不含有线电视放大器
		有线电视信号放大器+有线电视箱+箱体暗装	350元/套		
	卫星电视	新增卫星电视接口	200元/点		该报价不含设备
	视频共享	复合视频线（VIDEO）	240元/端口		该报价不含音视频分配设备
		S端子线（S-VIDEO）	300元/端口		
		分量色差线（Y.Cb.Cr）	400元/端口		
		计算机显示器线（SVGA）	400元/端口		
		DVI线	600元/端口		
		HDMI线	1500元/端口		

（续）

类别	项目	效果、功能	参考施工报价	调整施工报价	说明
家庭影院	家庭影院-音频	5.1 环绕音响设计	400 元／套		该报价不含设备
		6.1 环绕音响设计	500 元／套		
		7.1 环绕音响设计	600 元／套		
		8.1 环绕音响设计	700 元／套		
	家庭影院-视频	复合视频线（VIDEO）	240 元／端口		该报价不含音视频分配器
		S 端子线（S-VIDEO）	300 元／端口		
		计算机显示器线（SVGA）	400 元／端口		
		分量色差线（Y.Cb.Cr）	400 元／端口		
		DVI 线	600 元／端口		
		HDMI 线	1500 元／端口		
背景音乐	标准型—带四套餐	一个主音源，一个音乐点，4 只音箱，实现一个音乐点同时在两个房间播放音乐	3000 元／套		该报价含 4 只音箱
	标准型	支持 4 路主音源输入。通过主音源将立体声音乐传播到每个音乐点，在任意房间设有音乐选择，并且在此基础上可实现遥控功能以在各房间轻松控制	1000 元／主音源；1000 元／音乐点		该报价不含音箱
	豪华型	支持 4 路主音源输入。通过主音源将立体声音乐传播到每个音乐点，在任意房间设有音乐选择，并且在此基础上可实现遥控功能以在各房间轻松控制，还增加了 FM 广播精确定时开启、关闭功能功能	1000 元／主音源；1200 元／音乐点		该报价不含音箱
对讲	可视	可视对讲端口（每个端口含 1m 的线，1m 以上每米加 60 元）	200 元／端口		该报价不含设备
	普通	普通对讲端口（每个端口含 1m 的线，1m 以上每米加 50 元）	150 元／端口		

（续）

类别	项目	效果、功能		参考施工报价	调整施工报价	说明
控制与遥控	电路控制	照明总控	临出门时可以关闭所有照明电，不用每个房间去关灯	300元/整体		该报价不含灯具
		房间电路总控	把单个房间的所有电路（包括窗帘、灯光、电器、音响等）集成到一个遥控器上，自如控制房间各电路	300元/整体		该报价不含设备
		遥控电路	在任何房间都可以直接用遥控器遥控开关指定的插座，不受墙壁等障碍物的限制	220元/控制点		该报价不含灯具
	灯具控制	遥控电灯	在任何房间都可以直接用遥控器开关指定房间的灯，不受墙壁等障碍物的限制，也可以手动控制	220元/控制点		该报价不含灯具
		人体感应灯	晚上当你走进房间，灯会自动打开，不用摸黑找灯的开关，特别适合门厅使用	200元/个		该报价不含灯具
		多功能灯控	可以让光线由暗到强，由强到暗，既不因骤亮刺激眼睛，也适宜于营造气氛，尤其适合卧室使用	300元/个		该报价不含灯具
网络	宽带	房间均设有网络接入口，预布家庭局域网，各房间可同时上网		220元/端口		该报价不含路由器、网卡等设备
	ISDN					
	ADSL					
	LAN					

（续）

类别	项目	效果、功能	参考施工报价	调整施工报价	说明
耳机	新增耳机接口，可收听自己喜爱的节目。在休息时间戴上耳机听音乐，也不会影响别人的休息		150 元 / 端口		该报价不含耳机
灵慧眼	可以在所在的房间控制其他房间支持红外遥控的设备		500 元 / 端口		
USB	延长鼠标、键盘线的长度实现远距离控制计算机完成数据传输等功能（距离一般要求 20m 以内）		350 元 / 端口		
合计					

3.11 水电工工钱的计算——按建筑物的面积

水电工工钱的计算，有的根据施工的建筑物面积来算，也就是每平方米多少钱再乘以建筑物面积，计算公式如下：

×× 元 /m² × 建筑物面积 = 水电工工钱

其中，建筑面积的单位为 m²；水电工工钱单位为元。

目前，参考的每平方米多少钱有 25 元 /m²、35 元 /m²、40 元 /m² 等不同价格。

小面积装修，水电改造一般是按 m 计算。面积大的工程，除非做详细的工程量清单，一般采用按 m² 计算的比较多。

【举例1】 王师傅（水电工）承包了一套建筑物面积为 100m² 的水电施工，商量为 35 元 /m²，则王师傅（水电工）结算的工酬是多少？

根据，公式：

×× 元 /m² × 建筑物面积 = 水电工工钱

得

35 元 /m² × 100m²=3500 元

【举例2】 一工程清包参考人工费及工程量计算方法见表 3-11。

表 3-11 一工程清包参考人工费及工程量计算方法

项目	单位	元 /m²	类型	计算方法
水电改造（统算）	m²	22	线管地面开槽	建筑面积计算
水电改造（统算）	m²	25	复式结构	建筑面积+其他附送面积
水电改造（统算）	m²	30	连排、单体结构	建筑面积+其他附送面积

3.12 水电工工钱的计算——点工

水电工工钱，也有按照点工来计酬的，即做一天多少钱。工酬计算公式如下：

×× 元 / 天 × 天 = 水电工工钱（元）

目前，参考的一天多少钱有 150 元 / 天、200 元 / 天等。

对点工，包工包料与包工不包料计算的方法不同。

【举例】 王师傅（水电工）在一装饰公司从事水电施工，商量为 200 元 / 天，规定 10 天完工，则王师傅（水电工）结算的工酬是多少？

根据，公式：

× × 元 / 天 × 天 = 水电工工钱（元）

得 200 元 / 天 × 10 天 = 2000 元

3.13 开槽管的计算

开槽管的计算，首先需要明确，只是开槽，还是水电开槽与安装布管要一起（图例如图 3-1 所示）。实际中，开槽计价的情况多，具体的一些情况如下：

一槽放一根，还是一槽放2根、3根，计算时，需要明确

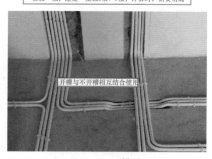

开槽与不开槽相互结合使用

图 3-1 开槽管

（1）水电开槽，较少单独承包，往往作为承包的其中一项。一般套房包括结构敲打、水电开槽、装修废弃品处理、挑泥沙、水泥等项目承包价格，有的参考价格为 2000～5000 元 / 套（具体根据套房大小、年代、地方来定价位）。

（2）有的地方水管开槽，包工每米暗管 12 元，明管 10 元。如果按米收费，包工包料水管每米 30 元，电管每米 25 元（有的有其他要求），即：

水管开槽包工暗管工价：

全部开槽米数 × 12 元 / 米 = 水管开槽包工暗管工价

12 元 / 米：参考价格，实际，需要根据当地、当时的市场来调整。

水管明管包工工价：

全部管米数 × 10 元 / 米 = 水管明管包工工价

10 元 / 米：参考价格，实际，需要根据当地、当时的市场来调整。

包工包料水管按米工价：

全部管米数 × 30 元 / 米 = 包工包料水管按米工价

30 元 / 米：参考价格，实际，需要根据当地、当时的市场来调整。

包工包料电管按米工价：

全部管米数 × 25 元 / 米 = 包工包料电管按米工价

说明：全部管米数一般可以实测实量。

电线，一般是根据电管算，也就是一根管子一米算。如果一个槽里安装 4 根管子，则就是为 4×1m=4m 的钱，而不是根据线槽来算的。

（3）按天计价，也就是按工日算。按工日算，需要明确工日的时间，一般是 8h 计算。

3.14 水电安装铺设暗线的墙壁开槽机工钱的计算

水电安装时，开槽与不开槽价格是不同的。

利用墙壁开槽机，对开不同材质的墙壁的工钱是不同的，也就是高标混凝土、花岗岩、泡沫砖、混凝土、红砖墙体、硬墙、轻质墙等开槽的工钱是不同的。

水电安装铺设暗线的墙壁开槽机工钱的计算如下：

槽长度 × X 元/米 = 墙壁开槽机工钱

3.15 住宅室内装饰水电装修工程人工费参考价

住宅室内装饰水电装修工程人工费参考价见表 3-12。

表 3-12　住宅室内装饰水电装修工程人工费参考价

项目	单位	新参考价/元	原参考价/元	修正参考价	说明
安装壁灯	盏	8.00	5.00		
安装挂式小便器	个	25.00	25.00		高级产品的安装根据产品价格7%计取
安装豪华灯具	盏				高级产品的安装根据产品价格7%计取
安装后排水坐便器	个		90.00		高级产品的安装根据产品价格7%计取
安装金属大理石台面支架	套		15.00		
安装净身盆	个	50.00	50.00		高级产品的安装根据产品价格7%计取
安装开关、插座	个	4.00	3.00		
安装立盆	个		20.00		高级产品的安装根据产品价格7%计取
安装面盆龙头	个	10.00	10.00		高级产品的安装根据产品价格7%计取
安装排气扇	台	20.00	5.00		不含墙体打洞
安装嵌入式配电箱	个	80.00	60.00		
安装热水器（电热式）	台	60.00	30.00		不含墙体打洞
安装荧光灯	盏	8.00	8.00		
安装三角阀	个	5.00	3.00		
安装水盘龙头（单冷）	个	5.00	5.00		高级产品的安装根据产品价格7%计取
安装台盆、水盘	个	50.00	20.00		高级产品的安装根据产品价格7%计取
安装筒灯（射灯、冷光灯）	盏	4.00	3.00		

（续）

项目	单位	新参考价/元	原参考价/元	修正参考价	说 明
安装排油烟机	个	30.00	10.00		不含墙体打洞
安装卫浴五金件	套		50.00		毛巾杆、架、化妆品架等
安装吸顶灯	只	8.00	6.00		
安装浴霸	个	30.00	10.00		不含墙体打洞
安装浴缸	套	120.00	150.00		铸铁、高级产品的安装根据产品价格7%计取
安装浴缸龙头	个	15.00	15.00		高级产品的安装根据产品价格7%计取
安装闸阀	个	5.00	5.00		
安装坐式大便器	套	50.00	50.00		高级产品的安装根据产品价格7%计取
电线穿管	m		0.50		根据单根电线用量计算
木地板安装地插座	个	14.00	10.00		
排、下水管道	m		15.00		含洗衣机、地漏、淋浴房、污水槽，管径ϕ50mm以下
铺设PPR水管	m	5.00	4.00		
铺设金属电管	m	5.00	6.50		
铺设铝塑水管	m	2.00	2.20		
铺设塑料电管	m	3.00	3.50		
容积式热水器安装配套费	台		35.00		
太阳能热水器安装配套费	台		35.00		
砼墙凿槽	m	14.00	10.00		不含修粉
增加、更换配电箱插片	只		10.00		断路器、漏电保护等
砖墙凿槽	m	5.00	5.00		不含修粉

3.16 电气设备接线盒的计算方法

电气设备接线盒的计算方法如下：

开关盒＝开关数量＋插座数量＋灯的数量＋风扇数量

接线盒＝（开关数量＋插座数量＋灯的数量＋风扇数量）×（0.1~0.3）

由于接线盒是多少米设一个的，不好数，可以用灯、风扇等的数量乘以 0.1~0.3。

在 CAD 中数开关的数量的方法：首先选中开关的图例，并且单击鼠标右键选择特性记住其名称，然后单击鼠标右键选择快速选择，并且在一直

应用的图形中选择需要的开关图，以及在特性中选择开关名称，这样就出现了开关的数量。

在 CAD 中数插座等的数量的方法，也与上述基本一样。

3.17 按米数或管数计算的注意点不同

电线根据米数来计算，需要注意以下几点：

（1）一般插座是 3 根线。

（2）一般灯是两根线。

（3）可以根据项目的数量进行增减费用。

有的情况是按管（线套管）的长度

来计算的，这时需要注意以下几点：

（1）照明的两根线为一根管。

（2）插座的三根线为一根管。

（3）浴霸，一般根据 3 根 +3 根，也就是 2~3 根管，装 5~7 根线。

（4）如果计算费用，则需要考虑增加暗盒、接灯等费用。

3.18 家装水电路改造预算时的注意点

家装水电路改造预算时的一些注意点如下：

（1）有的家装水电路改造预算，明确表示不包括洁具、灯具、开关、插座、瓷砖、填缝剂、大理石、地板、拉手、橱柜、扣板、玻璃、折页、五金件、锁具、门及门套、白钢、壁纸、壁纸胶等。

（2）有的家装水电路改造预算，明确表示业主提供主材，装修公司不负责搬运及上楼、灯具安装。预算内只负责安装灯带、筒灯、吸顶灯，不负责安装所有主灯。不负责安装洁具、柜子。

（3）垃圾运到小区指定地点，不含外运费用。如果需运出小区，费用另外计。

（4）有的明确表示，水、电路布线布管，均根据建筑面积工程总造价的 25% 预收，结算时以实际发生为准，

多退少补。

（5）高层电梯使用费用，有的明确表示由业主支付。

（6）消防工程手续，有的明确表示由业主负责办理。

（7）有的家装水电路改造预算，明确表示预算水路、电路质保范围仅限装修公司预算报价所含施工范围，不包括未改动的原有管线、新旧交接处。

（8）装饰公司为了客户安全考虑不负责暖气移位、承重墙拆除、进户配电箱移位、监控改造、未经公司法人签字加盖合同章确认的所有施工项目。

（9）有的家装水电路改造预算，明确表示业主私自与设计师、工长等人达成的相关施工项目等事宜出现任何问题，业主自负，与装修公司无关。

3.19 卫生器具制作安装清单计价计算

卫生器具制作安装清单计价计算见表 3-13。

表 3-13 卫生器具制作安装清单计价计算

名称	特征	计量单位	工程量计算规则	内容
按摩浴缸	1. 材质。 2. 组装方式。 3. 型号、规格	套	根据设计图示数量计算	器具、附件安装
大便器	1. 材质。 2. 组装方式。 3. 型号、规格	套	根据设计图示数量计算	器具、附件安装
地漏	1. 材质。 2. 型号、规格	个	根据设计图示数量计算	安装
地面扫除口	1. 材质。 2. 型号、规格	个	根据设计图示数量计算	安装
电消毒器	1. 类型。 2. 型号、规格	台	根据设计图示数量计算	安装
烘手机	1. 材质。 2. 组装方式。 3. 型号、规格	套	根据设计图示数量计算	器具、附件安装
化验盆	1. 材质。 2. 组装方式。 3. 型号。 4. 开关	组	根据设计图示数量计算	器具、附件安装
净身盆	1. 材质。 2. 组装方式。 3. 型号。 4. 开关	组	根据设计图示数量计算	器具、附件安装
冷热水混合器	1. 类型。 2. 型号、规格	套	根据设计图示数量计算	1. 安装。 2. 支架制作、安装。 3. 支架除锈、刷油
淋浴间	1. 材质。 2. 组装方式。 3. 型号、规格	套	根据设计图示数量计算	器具、附件安装
淋浴器	1. 材质。 2. 组装方式。 3. 型号、规格	组	根据设计图示数量计算	器具、附件安装
排水栓	1. 带存水弯或不带存水弯。 2. 材质。 3. 型号、规格	组	根据设计图示数量计算	安装
热水器	1. 电能源。 2. 太阳能源	台	根据设计图示数量计算	1. 安装。 2. 管道、管件、附件安装。 3. 保温

（续）

名称	特征	计量单位	工程量计算规则	内容
容积式热交换器	1. 类型。 2. 型号、规格。 3. 组装方式	台	根据设计图示数量计算	1. 安装。 2. 保温。 3. 基础砌筑
桑拿浴房	1. 材质。 2. 组装方式。 3. 型号、规格	套	根据设计图示数量计算	器具、附件安装
水龙头	1. 材质。 2. 型号、规格	个	根据设计图示数量计算	安装
水箱制作安装	1. 材质。 2. 类型。 3. 型号、规格	套	根据设计图示数量计算	1. 制作。 2. 安装。 3. 支架制作、安装及除锈、刷油
洗涤盆（洗菜盆）	1. 材质。 2. 组装方式。 3. 型号。 4. 开关	组	根据设计图示数量计算	器具、附件安装
洗脸盆	1. 材质。 2. 组装方式。 3. 型号。 4. 开关	组	根据设计图示数量计算	器具、附件安装
洗手盆	1. 材质。 2. 组装方式。 3. 型号。 4. 开关	组	根据设计图示数量计算	器具、附件安装
消毒锅	1. 类型。 2. 型号、规格	台	根据设计图示数量计算	安装
小便槽冲洗管制作安装	1. 材质。 2. 型号、规格	m	根据设计图示数量计算	制作、安装
小便器	1. 材质。 2. 组装方式。 3. 型号、规格	套	根据设计图示数量计算	小便器、附件安装
饮水器	1. 类型。 2. 型号、规格	套	根据设计图示数量计算	安装
浴盆	1. 材质。 2. 组装方式。 3. 型号。 4. 开关	组	根据设计图示数量计算	器具、附件安装
蒸汽-水加热器	1. 类型。 2. 型号、规格	套	根据设计图示数量计算	1. 安装。 2. 支架制作、安装。 3. 支架除锈、刷油

3.20 公装电缆安装清单计价计算

公装电缆安装清单计价计算见表3-14。

表3-14 公装电缆安装清单计价计算

名称	特征	计量单位	工程量计算规则	内容
电缆保护管	1. 材质。 2. 规格	m	根据设计图示长度计算	1. 制作、除锈、刷油。 2. 安装
电缆防护	1. 形式。 2. 材质	m	根据设计图示长度计算	1. 缠石棉绳。 2. 防腐。 3. 刷漆
电缆防火堵洞	1. 材质。 2. 尺寸	处	根据设计图示数量计算	安装
电缆防火隔板	1. 规格。 2. 材质	m²	根据设计图示尺寸以面积计算	安装
电缆防火涂料	1. 型号。 2. 材质	kg	根据设计图示尺寸以质量计算	涂刷
电缆桥架	1. 型号、规格。 2. 材质。 3. 类型	m	根据设计图示长度计算	1. 制作、除锈、刷油。 2. 安装
电缆支架	1. 材质。 2. 规格	个	根据设计图示数量计算	1. 制作、除锈、刷油。 2. 安装
电缆阻燃槽盒	1. 型号。 2. 规格	m	根据设计图示尺寸以长度计算	安装
电力电缆	1. 型号。 2. 规格。 3. 地形	m	根据设计图示长度计算	1. 揭（盖）盖板。 2. 铺砂、盖砖。 3. 电缆敷设。 4. 电缆头制作、安装
控制电缆	1. 型号。 2. 规格。 3. 地形	m	根据设计图示长度计算	1. 揭（盖）盖板。 2. 铺砂、盖砖。 3. 电缆敷设。 4. 电缆头制作、安装

3.21 公装照明器具安装清单计价计算

公装照明器具安装清单计价计算见表3-15。

表3-15 公装照明器具安装清单计价计算

名称	特征	计量单位	工程量计算规则	内容
地道涵洞灯	1. 名称。 2. 型号。 3. 规格。 4. 安装形式	套	根据设计图示数量计算	1. 支架铁构件制作、安装、刷油漆。 2. 灯具安装

（续）

名称	特征	计量单位	工程量计算规则	内容
高杆灯	1.灯杆高度。 2.灯架形式（成套或组装、固定或升降）。 3.灯头数量。 4.基础形式及规格	套	根据设计图示数量计算	1.基础浇筑（包括土石方）。 2.立杆。 3.灯架安装。 4.引下线支架制作、安装。 5.焊压接线端子。 6.铁构件制作、安装。 7.除锈、刷油。 8.灯杆编号
工厂灯	1.名称、安装。 2.规格。 3.安装形式及高度	套	根据设计图示数量计算	1.支架制作、安装。 2.安装。 3.刷油漆
广场灯安装	1.灯杆的材质及高度。 2.灯架的型号。 3.灯头数量。 4.基础形式及规格	套	根据设计图示数量计算	1.基础浇筑（包括土石方）。 2.立杆。 3.灯架。 4.引下线支架制作、安装。 5.焊压接线端子。 6.铁构件制作、安装。 7.除锈、刷油。 8.灯杆编号
普通吸顶灯及其他灯具	1.名称、型号。 2.规格	套	根据设计图示数量计算	1.支架制作、安装。 2.组装。 3.刷油漆
桥栏杆灯	1.名称。 2.型号。 3.规格。 4.安装形式	套	根据设计图示数量计算	1.支架铁构件制作、安装、油漆。 2.灯具安装
一般路灯	1.名称。 2.型号。 3.灯杆材质及高度。 4.灯架形式及臂长。 5.灯杆形式（单、双）	套	根据设计图示数量计算	1.基础制作、安装。 2.立灯杆。 3.杆座。 4.灯架。 5.引下线支架制作、安装。 6.焊压接线端子。 7.铁构件制作、安装。 8.除锈、刷油。 9.灯杆编号
医疗专用灯	1.名称。 2.型号。 3.规格	套	根据设计图示数量计算	安装

（续）

名称	特征	计量单位	工程量计算规则	内容
荧光灯	1. 名称。 2. 型号。 3. 规格。 4. 安装形式	套	根据设计图示数量计算	安装
装饰灯	1. 名称。 2. 型号。 3. 规格。 4. 安装高度	套	根据设计图示数量计算	1. 支架制作、安装。 2. 安装

3.22 防雷及接地装置安装清单计价计算

防雷及接地装置安装清单计价计算见表3-16。

表3-16 防雷及接地装置安装清单计价计算

名称	特征	计量单位	工程量计算规则	内容
半导体少长针消雷装置	1. 型号。 2. 高度	套	根据设计图示数量计算	安装
避雷装置	1. 型号。 2. 长度	套	根据设计图示数量计算	1. 避雷针制作、安装。 2. 避雷网敷设。 3. 引下线敷设，断接卡子制作、安装。 4. 拉线制作、安装。 5. 接地极（板、桩）制作、安装。 6. 极间连线。 7. 刷油漆。 8. 换土或化学接地装置。 9. 钢铝窗接地。 10. 均压环敷设。 11. 柱主筋与圈梁焊接
接地装置	1. 规格。 2. 材质	m	根据设计图示尺寸以长度计算	1. 接地极（板）制作、安装。 2. 接地母线敷设。 3. 换土或化学处理。 4. 接地跨接线。 5. 构架接地

3.23 火灾自动报警系统安装清单计价计算

火灾自动报警系统安装清单计价计算见表3-17。

表 3-17 火灾自动报警系统安装清单计价计算

名称	特征	计量单位	工程量计算规则	内容
按钮	规格	个	根据设计图示数量计算	1. 安装。 2. 校接线。 3. 调试
报警控制器	1. 多线制。 2. 总线制。 3. 安装方式。 4. 控制点数量	台	根据设计图示数量计算	1. 本体安装。 2. 校接线。 3. 调试
报警联动一体机	1. 多线制。 2. 总线制。 3. 安装方式。 4. 控制点数量	台	根据设计图示数量计算	1. 本体安装。 2. 校接线。 3. 调试
报警装置	形式	台	根据设计图示数量计算	1. 安装。 2. 调试
点型探测器	1. 名称。 2. 多线制。 3. 总线制。 4. 类型	只	根据设计图示数量计算	1. 探头安装。 2. 底座安装。 3. 校接线。 4. 探测器调试
联动控制器	1. 多线制。 2. 总线制。 3. 安装方式。 4. 控制点数量	台	根据设计图示数量计算	1. 本体安装。 2. 校接线。 3. 调试
模块及接口	1. 名称。 2. 输出形式	个	根据设计图示数量计算	1. 安装。 2. 调试
线型探测器	安装方式	m	根据设计图示数量计算	1. 探测器安装。 2. 控制模块安装。 3. 报警终端安装。 4. 校接线。 5. 系统调试
远程控制器	控制回路	台	根据设计图示数量计算	1. 安装。 2. 调试
重复显示器	1. 多线制。 2. 总线制	台	根据设计图示数量计算	1. 安装。 2. 调试

3.24 消防系统调试清单计价计算

消防系统调试清单计价计算见表 3-18。

表 3-18　消防系统调试清单计价计算

名称	特征	计量单位	工程量计算规则	内容
防火控制系统装置调试	1. 名称。 2. 类型	处	根据设计图示数量计算（包括电动防火门、防火卷帘门、正压送风阀、排烟阀、防火控制阀）	系统装置调试
气体灭火系统装置调试	试验容器规格	个	根据调试、检验和验收所消耗的试验容器总数计算	1. 模拟喷气试验。 2. 备用灭火器贮存容器切换操作试验
水灭火系统控制装置调试	点数	处	根据设计图示数量计算（由消防栓、自动喷水、卤代烷、二氧化碳等组成的固定灭火系统装置；点数按多线制、总线制联动控制器的点数计算）	系统装置调试
自动报警系统装置调试	点数	处	根据设计图示数量计算（由探测器、报警按钮、报警控制器组成的报警系统；点数按多线制、总线制报警器的点数计算）	系统装置调试

3.25　供暖器具安装清单计价计算

供暖器具安装清单计价计算见表 3-19。

表 3-19　供暖器具安装清单计价计算

名称	特征	计量单位	工程量计算规则	内容
钢制板式散热器	1. 型号、规格。 2. 除锈、刷油设计要求	组	根据设计图示数量计算	安装
钢制闭式散热器	1. 型号、规格。 2. 除锈、刷油设计要求	组	根据设计图示数量计算	安装
钢制壁板式散热器	1. 质量。 2. 型号、规格	组	根据设计图示数量计算	安装
钢制柱式散热器	1. 片数。 2. 型号、规格	组	根据设计图示数量计算	安装
光排管散热器	1. 型号、规格。 2. 管径。 3. 除锈、刷油设计要求	组	根据设计图示数量计算	1. 制作、安装。 2. 除锈、刷油

（续）

名称	特征	计量单位	工程量计算规则	内容
空气幕	1. 质量。 2. 型号、规格	台	根据设计图示数量计算	安装
暖风机	1. 质量。 2. 型号、规格	台	根据设计图示数量计算	安装
铸铁散热器	1. 型号、规格。 2. 除锈、刷油设计要求	片	根据设计图示数量计算	1. 安装。 2. 除锈、刷油

3.26 燃气器具安装清单计价计算

燃气器具安装清单计价计算见表3-20。

表3-20 燃气器具安装清单计价计算

名称	特征	计量单位	工程量计算规则	内容
沸水器	1. 容积式沸水器、自动沸水器、燃气消毒器。 2. 型号、规格	台	根据设计图示数量计算	安装
气灶具	1. 民用、公用。 2. 人工煤气灶具、液化石油气灶具、天然气燃气灶具。 3. 型号、规格	台	根据设计图示数量计算	安装
气嘴	1. 单嘴、双嘴。 2. 材质。 3. 型号、规格。 4. 连接方式	个	根据设计图示数量计算	安装
燃气采暖炉	型号、规格	台	根据设计图示数量计算	安装
燃气开水炉	型号、规格	台	根据设计图示数量计算	安装
燃气快速热水器	型号、规格	台	根据设计图示数量计算	安装

3.27 有线电视系统计价计算

有线电视系统计价计算见表3-21。

表 3-21　有线电视系统计价计算

名称	特征	计量单位	工程量计算规则	内容
播控设备	1. 名称。 2. 功能。 3. 规格	个	根据设计图示数量计算	1. 播控台安装。 2. 控制设备安装。 3. 播控台调试
传输网络设备	1. 名称。 2. 功能。 3. 安装位置	个	根据设计图示数量计算	1. 本体安装。 2. 单体调试
电视共用天线	1. 名称 2. 型号	副	根据设计图示数量计算	1. 本体安装。 2. 单体调试
电视墙	1. 名称。 2. 监视器数量	个	根据设计图示数量计算	1. 机架、监视器安装。 2. 信号分配系统安装。 3. 连接电源。 4. 接地
分配网络设备	1. 名称。 2. 功能。 3. 安装形式	个	根据设计图示数量计算	1. 本体安装。 2. 电缆头制作、安装。 3. 电缆接线盒埋设。 4. 网络终端调试。 5. 楼板、墙壁穿孔
光端设备	1. 名称。 2. 类别。 3. 类型	台	根据设计图示数量计算	1. 本体安装。 2. 单体调试
前端机柜	名称	个	根据设计图示数量计算	1. 本体安装。 2. 连接电源。 3. 接地
前端射频设备	1. 名称。 2. 类型。 3. 频道数量	套	根据设计图示数量计算	1. 本体安装。 2. 单体调试
微型地面站接收设备	1. 名称。 2. 类型	个	根据设计图示数量计算	1. 本体安装。 2. 单体调试。 3. 全站系统调试
有线电视系统管理设备	1. 名称。 2. 类型	个	根据设计图示数量计算	1. 本体安装。 2. 系统调试

3.28　扩声、背景音乐系统计价计算

扩声、背景音乐系统计价计算见表 3-22。

表 3-22　扩声、背景音乐系统计价计算

名称	特征	计量单位	工程量计算规则	内容
背景音乐系统	1. 名称。 2. 类型。 3. 功能	台、系统	根据设计图示数量计算	1. 单体调试。 2. 试运行
背景音乐系统设备	1. 名称。 2. 类型。 3. 回路数。 4. 功能	台	根据设计图示数量计算	安装
扩声系统	1. 名称。 2. 类型。 3. 功能	只、副、系统	根据设计图示数量计算	1. 单体调试。 2. 试运行
扩声系统设备	1. 名称。 2. 类型。 3. 回路数。 4. 功能	台	根据设计图示数量计算	安装

3.29　停车场管理系统计价计算

停车场管理系统计价计算见表 3-23。

表 3-23　停车场管理系统计价计算

名称	特征	计量单位	工程量计算规则	内容
车辆检测识别设备	1. 名称。 2. 类型	套	根据设计图示数量计算	1. 本体安装。 2. 单体调试
出入口设备	1. 名称。 2. 类型	套	根据设计图示数量计算	1. 本体安装。 2. 单体调试
监控管理中心设备	名称	套	根据设计图示数量计算	1. 安装。 2. 软件安装。 3. 系统联调。 4. 系统试运行
显示和信号设备	1. 名称。 2. 类型。 3. 规格	套	根据设计图示数量计算	1. 本体安装。 2. 单体调试

3.30　楼宇安全防范系统计价计算

楼宇安全防范系统计价计算见表 3-24。

表 3-24　楼宇安全防范系统计价计算

名称	项目特征	计量单位	工程量计算规则	内容
CRT 显示终端	1. 名称。 2. 类型	台	根据设计图示数量计算	1. 本体安装。 2. 单体调试。 3. 试运行
安全防范系统	1. 名称。 2. 类型	系统	根据设计图示数量计算	1. 联调测试。 2. 系统试运行。 3. 验交
报警信号传输设备	1. 名称。 2. 类型。 3. 功率	套	根据设计图示数量计算	1. 本体安装。 2. 单体调试
报警中心设备	1. 名称。 2. 类型	套	根据设计图示数量计算	1. 本体安装。 2. 单体调试
出入口控制设备	1. 名称。 2. 类型	台	根据设计图示数量计算	1. 本体安装。 2. 系统调试
出入口目标识别设备	1. 名称。 2. 类型	套	根据设计图示数量计算	1. 本体安装。 2. 系统调试
出入口执行机构设备	1. 名称。 2. 类型	台	根据设计图示数量计算	1. 本体安装。 2. 系统调试
电视监控摄像设备	1. 名称。 2. 类型。 3. 类别	台	根据设计图示数量计算	1. 本体安装。 2. 云台安装。 3. 镜头安装。 4. 保护罩安装。 5. 支架安装。 6. 调试。 7. 试运行
监控中心设备	1. 名称。 2. 类型。 3. 规格	台	根据设计图示数量计算	1. 本体安装。 2. 单体调试。 3. 试运行
控制台和监视器柜	1. 名称。 2. 类型	台	根据设计图示数量计算	安装
录像、记录设备	1. 名称。 2. 类型。 3. 规格	台	根据设计图示数量计算	1. 本体安装。 2. 单体调试。 3. 试运行
模拟盘	1. 名称。 2. 类型	台	根据设计图示数量计算	1. 本体安装。 2. 单体调试。 3. 试运行
入侵报警控制器	1. 名称。 2. 类型。 3. 回路数	套	根据设计图示数量计算	1. 本体安装。 2. 单体调试
入侵探测器	1. 名称。 2. 类型	套	根据设计图示数量计算	1. 本体安装。 2. 单体调试

（续）

名称	项目特征	计量单位	工程量计算规则	内容
视频补偿器	1. 名称。 2. 通道数	台	根据设计图示数量计算	1. 本体安装。 2. 单体调试。 3. 试运行
视频传输设备	1. 名称。 2. 类型	台	根据设计图示数量计算	1. 本体安装。 2. 单体调试。 3. 试运行
视频控制设备	1. 名称。 2. 类型。 3. 回路数	台	根据设计图示数量计算	1. 本体安装。 2. 单体调试。 3. 试运行
音频、视频及脉冲分配器	1. 名称。 2. 回路数	台	根据设计图示数量计算	1. 本体安装。 2. 单体调试。 3. 试运行

3.31 建筑强电安装工程量计算内容

1. 概述

建筑强电安装工程量计算内容包括：

（1）变配电装置工程量计算。

（2）母线及绝缘子安装工程量计算。

（3）高压控制台、柜、屏安装及低压配电控制设备安装工程量计算。

（4）电缆工程量计算。

（5）配管配线工程量计算。

（6）电机安装的检查接线与调试工程量计算。

（7）照明器具安装工程量计算。

（8）电梯电器安装工程量计算。

（9）防雷及接地装置工程量计算。

（10）10kV 以下架空配电线路工程量计算。

（11）电气调试工程量计算。

2. 电缆工程量的计算

10kV 以下电力电缆和控制电缆，一般按"延长米"来计量，计算公式如下：

电缆总长 =（水平长度 + 垂直长度 + 预留长度）×（1+2.5%）

式中　2.5%——电缆曲折弯余系数。

电缆预留长度见表 3-25。

表 3-25　电缆预留长度

预留长度名称	长度 /m	说明
电缆进入建筑物处	2.0	规范规定最小值
电缆进入沟内或吊架时引上余值	1.5	规范规定最小值
变电所进线与出线	1.5	规范规定最小值
电力电缆终端头	1.5	可供检修的余量

（续）

预留长度名称	长度 /m	说明
电缆中间接头盒	两端各 2.0	可供检修的余量
电缆进入控制屏、保护屏	高 + 宽	按盘面尺寸
高压开关柜，低压动力盘、箱	2.0	盘、柜下进出线
电缆至电动机	0.5	电缆头预留长
厂用变压器	3.0	从地坪算起
电梯电缆与电缆架固定点	每处 0.5	规范规定最小值
电缆绕梁柱等增加长度	按实计算	按被绕物断面计算

3. 配管工程量的计算

配管工程量的计算规则、计算要领、计算方法如下：

计算规则。各种配管工程量，一般因管材质、规格、敷设方式不同而不同，按"延长米"来计量，不扣除接线盒(箱)、灯头盒、开关盒所占长度。

计算要领。从配电箱起，根据各个回路进行计算，或根据建筑物自然层划分计算，或根据建筑平面形状特点及系统图的组成特点分片划块来计算，然后汇总。

水平方向敷设的线管计算方法。以施工平面布置图的线管走向、敷设部位为依据，借用建筑物平面图所示墙、柱轴线尺寸进行线管长度计算。线路敷设部位符号见表 3-26。

表 3-26　线路敷设部位符号

敷设部位	新符号	旧符号	敷设部位	新符号	旧符号
沿 梁	B	L	沿吊顶	SC	
沿顶棚	CE	P	沿 墙	W	Q
沿 柱	C	Z	明 敷	E	M
沿地面	F	D	暗 敷	C	A
沿构架	R				

垂直方向敷设的线管计算方法。其工程量与楼层高度及箱、柜、盘、板、开关等设备安装高度有关。

一些计算方法与特点如下：

（1）当埋地配管（FC）时，水平方向的配管根据墙柱轴线尺寸、设备定位尺寸进行计算。穿出地面向设备、向墙上电气开关配管时，根据埋地深度及引向墙和引向柱的高度进行计算。一些配管工程量的计算图例如图 3-2 所示。

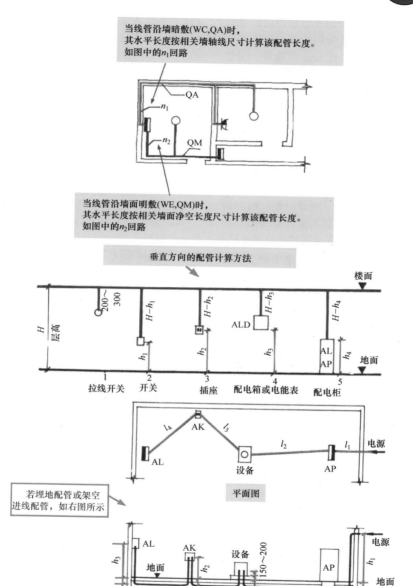

当线管沿墙暗敷(WC,QA)时，其水平长度按相关墙轴线尺寸计算该配管长度。如图中的 n_1 回路

当线管沿墙面明敷(WE,QM)时，其水平长度按相关墙面净空长度尺寸计算该配管长度。如图中的 n_2 回路

垂直方向的配管计算方法

若埋地配管或架空进线配管，如右图所示

图 3-2　一些配管工程量的计算图例

（2）在吊顶内配管敷设时，电线管、钢管、硬质塑料管等，根据明配线管选套定额。但是金属软管、刚性阻燃管敷设时执行吊棚内敷设定额。

（3）配管工程包括接地，不包括支架制作与安装。

（4）在钢索上配管时，需要另外计算钢索架设、钢索拉紧装置制作与安装费用。

（5）当动力配管发生刨砼地面沟时，根据管径分档，以 m 来计量。

（6）电线管、钢管明配、暗配均包括刷防锈漆。如果设计要求做特殊防腐处理时，则需要另列项目来计算。

4. 配管接线盒箱、盒安装工程量的计算

根据施工规范，穿在管内的导线，在任何情况下都不能有接头，必须接头时，需要把接头放在接线盒、开关盒或灯头盒内。

无论是明配还是暗配线管，均有接线盒（分线盒）或接线箱安装，或开关盒、灯头盒、插座盒安装，一般均以"个"来计量。开关盒、灯头盒、插座盒均执行开关盒安装定额，但是未计价材料需要分别统计。

配管接线盒安装工程量的计算的一些特点如下：

（1）接线盒产生在管线分支处或管线转弯处。

（2）线管敷设超过下列长度时，中间需要加接线盒。

① 管长超过 45（30）m 且无弯时。

② 管长超过 30（20）m，中间只有一个弯时。

③ 管长超过 20（15）m，中间有两个弯时。

④ 管长超过 12（8）m，中间有三个弯时。

说明：括号内数字为火灾自动报警系统单独布线管路要求！

GB 50166-2007 有具体要求。

接线盒位置图例如图 3-3 所示。

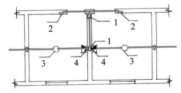 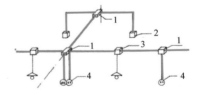

图 3-3　接线盒位置图例

1—接线盒　2—开关盒　3—灯头盒　4—插座盒

5. 管内穿线工程量计算

管内穿线分照明线路穿线、动力线路穿线，有铝芯线、铜芯线、补偿导线、多芯软线等分类，以不同导线截面积来分档，并且一般按"单线延长米"来计量，导线截面积超过 6mm² 以上的照明线路，一般根据动力穿线定额来计算。

导线与设备相连需焊（压）接线端子，一般以"个"来计量。常用绝缘导线的型号与名称见表 3-27。

表 3-27　常用绝缘导线的型号与名称

型　号	名　称
BX（BLX）	铜（铝）芯橡皮绝缘线
BXF（BLXF）	铜（铝）芯氯丁橡皮绝缘线
BXR	铜芯橡皮绝缘软线
BV（BLV）	铜（铝）芯聚氯乙烯绝缘线
BVV（BLVV）	铜（铝）芯聚氯乙烯绝缘聚氯乙烯护套圆形电线
BVVB（BLVVB）	铜（铝）芯聚氯乙烯绝缘聚氯乙烯护套平型电线
BVR	铜芯聚氯乙烯绝缘软电线
BV—105	铜芯耐热 105℃聚氯乙烯绝缘电线
RV	铜芯聚氯乙烯绝缘软线
RVB	铜芯聚氯乙烯绝缘平型软线
RVS	铜芯聚氯乙烯绝缘绞型软线
RV—105	铜芯耐热 105℃聚氯乙烯绝缘连接软电线
RXS	铜芯橡皮绝缘棉纱编织绞型软电线
RX	铜芯橡皮绝缘棉纱编织圆形软电线

管内穿线长度计算公式如下：

管内穿线长度 =(配管长度 + 导线预留长度)× 同截面导线根数

其中，导线进入开关箱、柜及设备的预留长度见表 3-28。

表 3-28　导线预留长度

项　目	预留长度 /m	说　明
各种开关箱、柜、板	高 + 宽	盘面尺寸
单独安装（无箱、盘）的铁壳开关、刀开关、起动器、母线槽进出线盒	0.3	从安装对象中心算起
由地面管子出口引到动力接线箱	1.0	从管口算起
由电源与管内导线连接（管内穿线与硬、软母线接头）	1.5	从管口算起
出户线（或进户线）	1.5	从管口算起

管内穿线工程量计算图例如图 3-4 所示。

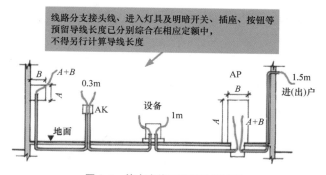

图 3-4　管内穿线工程量计算图例

3.32 其他工程量的计算

其他工程量的计算见表 3-29。

表 3-29　其他工程量的计算

项目	工程量计算
避雷网安装工程量	避雷网安装工程量一般以"延长米"来计量，计算公式如下： 避雷网长度 = 图示长度 × (1 + 3.9%) 式中　3.9%——避雷网转弯、避绕障碍物、搭接头等所占长度附加值
避雷引下线安装工程量	避雷引下线根据施工图建筑物高度来计算，一般以"延长米"来计量。安装定额包括支持卡子的制作与埋设。避雷引下线工程量根据下式来计算： 避雷引下线长度 = 图示长度 × (1 + 3.9%)
接地母线安装工程量	接地母线按材料分为镀锌圆钢、镀锌扁钢、铜绞线，一般以"延长米"来计量。接地母线工程量计算公式如下： 接地母线长度 = 图示长度 × (1 + 3.9%)
变压器油过滤量	变压器油过滤，以变压器铭牌油量加上损耗计算过滤工程量，一般以 t 来计量。变压器油过滤计算公式如下： 油过滤量 = 变压器铭牌油量 × (1+1.8%)

第 4 章

成就行家里手——水电技能计算

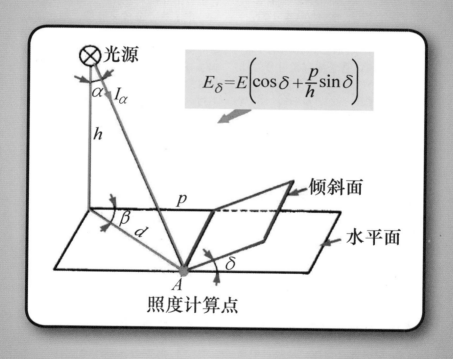

$$E_\delta = E\left(\cos\delta + \frac{p}{h}\sin\delta\right)$$

光源

α I_α

h

p

β d

倾斜面

水平面

A

δ

照度计算点

4.1 水管的英制尺寸与公制尺寸如何换算

水管标准有英制标准和国际标准两种。英寸是长度单位，英寸与厘米的换算如下：

1 英寸 =2.539999918 厘米
=25.4 毫米

水管常见的尺寸有 DN15（4 分管）、DN20（6 分管）、DN25（1 寸管）、DN32（1 寸 2 管）、DN40（1 寸半管）、DN50（2 寸管）、DN65（2 寸半管）、DN80（3 寸管）、DN100（4 寸管）、DN125（5 寸管）、DN150（6 寸管）、DN200（8 寸管）、DN250（10 寸管）等。

一般来说，管子的直径可分为外径、内径、公称直径。

tips：管道一般是以内径计算的，不过管道的丝扣螺纹一般是以中径来计算的，并且一般用通径 DN 来表示，管径一般应以 mm 为单位。

一些管径的表达方式的规定如下：

（1）水煤气输送钢管（镀锌或非镀锌）、铸铁管等管材，管径一般宜以公称直径 DN 表示。

（2）无缝钢管、焊接钢管（直缝或螺旋缝）、铜管、不锈钢管等管材，管径一般宜以外径 × 壁厚表示。

（3）钢筋混凝土（或混凝土）管、陶土管、耐酸陶瓷管、缸瓦管等管材，管径一般宜以内径 d 表示。

（4）塑料管材管径，一般宜根据产品标准的方法来表示。

（5）当设计均用公称直径 DN 表示管径时，一般应有公称直径 DN 与相应产品规格对照表。

（6）建筑排水用硬聚氯乙烯管材规格，一般用 D_e（公称外径）$\times e_n$（公称壁厚）表示。

（7）给水用聚丙烯（PP）管材规格，一般用 $D_e \times e_n$（公称外径 × 壁厚）表示。

（8）无缝钢管的外径，一般用字母 D 来表示，其后附加外直径的尺寸和壁厚，例如外径为 108 的无缝钢管，壁厚为 5mm，用 $D108 \times 5$ 表示。塑料管也有用外径来表示的，例如 D_e63。

把 1 英寸分成 8 等份，则相应具有 1/8、1/4、3/8、1/2、5/8、3/4、7/8 英寸，也就是相当于通常说的 1 分管到 7 分管。另外，更小的尺寸还有用 1/16、1/32、1/64 英寸等来表示的。不过，注意如果分母与分子能够约分的，则就应约分。

英寸的表示是在右上角打上两撇，例如 1/2"、5/8" 等。英寸也常用简写为 in。

【举例】 DN25（25mm）的水管就是英制 1" 的水管，也是 8 分水管。

DN15 的水管就是英制 1/2" 的水管，也是 4 分水管。

DN20 的水管就是英制 3/4" 的水管，也是 6 分水管。

镀锌管一般是根据内径来计算的：

内径 15mm=4 分
内径 20mm=6 分
内径 25mm=1 寸

PPR 管 / 铝塑管一般是根据外径计算的：16mm 也就相当于 3 分管；20mm 相当于 4 分管的镀锌管径。

4.2 PE 管材的公称压力与设计应力、标准尺寸比的关系计算

PE 管材的公称压力（PN）与设计应力 σ_s、标准尺寸比（SDR）之间的关系计算如下：

$$PN=2\sigma_s/(SDR-1)$$

式中　PN——PE 管材的公称压力，单位为 MPa；

σ_s——设计应力，单位为 MPa；

SDR——标准尺寸比。

4.3 聚乙烯管道系统对温度的压力折减计算

当聚乙烯管道系统在 20℃以上温度连续使用时，最大工作压力（MOP）一般根据下式来计算：

$$MOP=PN\times f_1$$

式中　MOP——最大工作压力；

PN——公称压力；

f_1——折减系数，在表 4-1 中查取。

表 4-1　50 年寿命要求，40℃以下温度的压力折减系数

温度 /℃	20	30	40
压力折减系数	1.0	0.87	0.74

4.4 给水无规共聚聚丙烯管（PPR）管系列 S 的计算

PPR 管材的选择，需要根据系统的工作压力、输送的水温，再考虑工程安全余量来选择。给水无规共聚聚丙烯管（PPR）管材尺寸的管系列 S 如下：

管系列 S

$$S=\frac{D_n-e_n}{2e_n}$$

式中　D_n——公称外径；

e_n——公称壁厚。

PPR 管材尺寸有 $S5$、$S4$、$S3.2$、$S2.5$、$S2$ 五个管系列。

4.5 PPR 水管不受约束的管道因温度变化而引起的轴向变形量的计算

PPR 水管不受约束的管道因温度变化而引起的轴向变形量，可根据下式来计算：

$$\Delta L=aL(0.65\Delta t_s+0.10\Delta t_g)$$

式中　ΔL——轴向变形量（伸缩量），单位为 mm；

a——线膨胀系数，单位为 mm/(m·℃)，常取

$a=0.15$mm/(m·℃)；

L——管道直线长度，单位为 m；

Δt_s——管道内水温最大变化温差，单位为℃；

Δt_g——管道外空气的最大变化温差，单位为℃。

4.6 PPR 水管热水管道的固定支架因温度变化引起的膨胀推力的计算

PPR 水管热水管道的固定支架，需要复核其支承力，支承力应大于管道因温度变化引起的膨胀推力。单位长度管道膨胀推力，可根据下式来计算确定，也可以参照表 4-2。

$$F_p=\delta_r A$$
$$\delta_r=(aE\Delta t)/1000$$

式中　F_p——单位长度管道的轴向膨胀推力，单位为 N；

δ_r——热应力，单位为 N/mm²；

A——管道截面积，单位为 mm^2；

Δt——使用平均温度与安装温度的差值，单位为 $\textcelsius$；

E——弹性模量，单位为 N/mm^2；

a——线膨胀系数，单位为 $mm/(m \cdot \textcelsius)$。

说明：弹性模量一般宜取设计水温所对应的值，相应温度下的弹性模量值如下：

$E20=800N/mm^2$；$E40=563N/mm^2$；$E60=365N/mm^2$；$E80=300N/mm^2$；$E95=250N/mm^2$。

表 4-2 管道在不同使用温度下的膨胀推力

公称外径 D_e/mm	膨胀推力 F_p/N			
	40℃	60℃	80℃	95℃
20	319	414	511	531
25	494	641	790	823
32	813	1054	1300	1353
40	1263	1637	2019	2103
50	1978	2564	3162	3293
63	3120	4045	4988	5195
75	4421	5733	7068	7362
90	6367	8255	10178	10602
110	9498	12315	15183	15816

说明：表中数值，根据施工时环境温度 20℃计，热水管道根据公称压力为 2.0MPa 来计算。

4.7 PPR 水管最小自由臂长度的计算

PPR 水管最小自由臂长度的计算如下：

$$L_z=K\sqrt{\Delta L D_e}$$

式中 L_z——最小自由臂长度，单位为 mm；

K——材料比例系数，一般可取 30；

ΔL——自固定点起的管道伸缩长度，单位为 mm；

D_e——管道公称外径，单位为 mm。

4.8 PPR 水管管道的单位长度沿程阻力水头损失的计算

PPR 水管管道的单位长度沿程阻力水头损失的计算如下：

$$i=9807\frac{\lambda v^2}{d_j 2g}=9807\frac{0.25}{R_e^{0.226}} \cdot \frac{v^2}{d_j 2g}$$

$$=\frac{2451.8}{\left(\dfrac{vd_j}{\gamma}\right)^{0.226}} \cdot \frac{v^2}{d_j 2g}$$

式中 i——管道的单位长度沿程水头损失估算（单位管长水头损失），单位为 m；

λ——水力摩阻系数 $\lambda=\dfrac{0.25}{R_e^{0.226}}$，Re 是雷诺数；

d_j——管道的计算内径，单位为

m，计算内径见表 4-3 ；

v ——管道内的平均水流速度，单位为 m/s ；

g ——重力加速度，一般取 9.807 m/s^2 ；

γ ——水的运动黏滞系数，单位

为 m^2/s，见表 4-3。

PPR 水管管道的局部阻力水头损失，可以根据沿程阻力水头损失的 25%~30% 来计。PPR 水管管道中的流速不宜大于 2.0m/s，一般采用 1~1.5m/s。

表 4-3　管道的计算内径与水在不同温度下的参考运动黏滞系数

公称外称 De/mm		20	25	32	40	50	63	75	90	110
计算内径 d_j/mm	冷水管	15.6	20.4	26.2	33.0	41.4	52.2	62.2	74.8	91.6
	热水管	13.4	16.8	21.8	27.4	34.4	43.4	51.8	62.4	76.2

水温 /℃	0	5	10	15	20	25	30	40
γ/(m^3/s)	1.78×10^{-6}	1.52×10^{-6}	1.31×10^{-6}	1.14×10^{-6}	1.00×10^{-6}	0.89×10^{-6}	0.80×10^{-6}	0.66×10^{-6}

4.9　PPR 管道伸缩长度的计算

PPR 管道伸缩长度的计算如下：
$$\Delta L = \Delta T L \alpha$$
式中　ΔL ——管道伸缩长度，单位为 mm ；

ΔT ——温差，单位为 ℃ ；

L ——管道长度，单位为 m ；

α ——线膨胀系数，单位为 mm/(m·℃)，取值 0.15。

热水管按下式计算：
$$\Delta T = \Delta t_s$$
冷水管按下式计算：
$$\Delta T = 0.65 \Delta t_s + 0.1 \Delta t_g$$
式中　Δt_s ——管道内水温变化最大值，单位为 ℃ ；

Δt_g ——管道外环境温度变化最大值，单位为 ℃。

4.10　PVC 排水管流量的计算

PVC 排水管的内壁很光滑，其粗糙程度系数为 0.009（水泥管粗糙程度系数为 0.013、铸铁管粗糙程度系数为 0.015）。因此，在相同的内径情况下，PVC 管的流量远比金属管大，并且长期使用 PVC 排水管管内不会黏附水垢，也就是流量始终不至有低落的变化。PVC 排水管的流量计算如下：
$$Q = AV$$

$$V = \frac{1}{n} R^{\frac{2}{3}} I^{\frac{1}{2}}$$
式中　Q ——流量，单位为 m^3/s ；

A ——流水断面积，单位为 m^2 ；

n ——粗糙程度系数 ；

R ——径深，单位为 m ；

I ——管路的坡度（以分数或小数表示）；

V ——流速，单位为 m/s。

4.11　水管流量的计算

一般工程上计算水管路时，压力常见为 0.1~0.6MPa，水在水管中流速为 1~3m/s，常取 1.5m/s。

水管流量的计算如下：

流量 = 管截面积 × 流速 (m³/h)

说明：饱和蒸汽的公式与水相同，只是流速一般取 20~40m/s。

水管流量的计算图例如下：

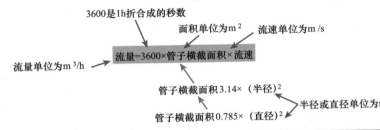

4.12 流速相等不同管子的流量

流速相等不同管子的流量如下：

$$大管子流量 = \left(\frac{大管子直径}{小管子直径}\right)^2 \times 小管子流量$$

$$小管子流量 = \left(\frac{小管子直径}{大管子直径}\right)^2 \times 大管子流量$$

$$\frac{大管子流量}{小管子流量} = \left(\frac{大管子直径}{小管子直径}\right)^2$$

4.13 水管阻力的计算

水管阻力的计算如下：

管道阻力=管道长度×管道1m的阻力

管道1m的阻力 = 阻力系数×流速²

水流过水管件所产生的阻力，就是局部阻力。水流过直管的阻力，就是沿程阻力。管道总阻力就是管道沿程阻力与管道局部阻力之和，计算公式如下：

管道总阻力 = 管道沿程阻力 + 管道局部阻力

管道局部阻力计算公式如下：

管道的局部阻力=局部阻力系数×流速²

单位：毫米水柱

4.14 给水工程的计算要求与特点

给水工程的计算要求与特点（一般地下全部采用 PPR 或 PVC-U 塑料管或衬塑钢管）：

（1）先数给水入口处、室内阀门、水表等给水器具，然后根据管径不同分开统计。

（2）计算测量时，首先算干管，然后算立管，最后算支管，并且根据管径不同合计其总量。

（3）变径点选在有接管的地方或是接了设备的地方。

（4）一般情况下，室外进户预留1.5m。

（5）洗脸盆、大便器、洗涤盆等接用水设备的短立管每个接点高度按0.3m 来考虑。

88

（6）计算完量时，需要把穿墙、穿楼板套管数出来。如果是室外、地沟内的给水管道，则根据图纸说明上的要求计算保温体积。如果是穿钢管的情况，则需要计算其支架重量、除锈刷油面积（32 与 32 以下的钢管、所有的塑料管均不用算支架）。

（7）套价时，一般根据设计说明进行。

4.15 给水入户干管、给水立管、给水支管的计算

给水入户干管、给水立管、给水支管的计算见表 4-4。

表 4-4 给水入户干管、给水立管、给水支管的计算

项目	解　说
给水入户干管的计算	给水入户干管的计算如下： （1）数给水入户的入户装置。 （2）入户不同干管的长度的计算如下： 入户不同干管的长度 =1.5（为外墙皮预留的）+ 干管图上量出的长度（砖混楼在一层地沟图上量，砖混楼一般干管在地沟里安装；高层结构在地下一层图上量，一般在地下一层顶板下安装）。 （3）室外 1.5m 管道的挖土方（如果安装和土建是一个单位施工的，一般不用计算）
给水立管的计算	给水立管的计算如下： （1）给水立管的长度如下： 给水立管的长度 =1.5(为干管入户的标高)+ 每一层的层高 × 层数（一般根据系统图来算出）。 （2）给水立管穿楼板套管（一般多大规格的立管，则套管为多大规格）。 （3）给水立管上的阀门（阀门规格与立管的规格相同）
给水支管的计算	给水支管的计算如下： （1）给水支管的长度如下： 给水支管的长度 = 图上从管井量出的水平段长度 + 返到地面垫层里的高度 +0.3 × 所接给水设备的个数（计算给水支管时，需要根据系统图上标明的规格分开来计算）。 （2）给水支管上接对应规格的水表、阀门（在套定额时，一般水表里包括一个阀门，因此，该处的阀门不需要再进行套定额）。 （3）穿墙套管（一般为管井中的立管接出的支管处有该套管）

4.16 给水工程套定额的项目

给水工程套定额的项目如下：

（1）各种规格的给水管子。
（2）各种规格的阀门。
（3）各种规格的水表。
（4）管道冲洗。
（5）室外 1.5m 给水管道的挖土方。
（6）穿楼板套管。
（7）穿墙套管。

4.17 屋面落水管的计算与雨水立管承担最大集水区域面积

屋面落水管的布置与屋面集水面积大小、每小时最大降雨量、排水管管径等因素有关。屋面落水管的计算如下：

$F=438D^2/H$

式中　F——单根落水管允许集水面积（水平投影面积，单位为 m^2）；

　　　D——落水管管径（采用方管时面积可换算）；

　　　H——每小时最大降雨量（由当地气象部门提供）。

在工程实践中，落水管间的距离（天沟内流水距离）以 10~15m 为宜。

当计算间距大于适用间距时，需要根据适用距离设置落水管。当计算间距小于适用间距时，根据计算间距设置落水管。

雨水口需要根据不同的排水方式一个立管能够承担的最大集水面积来设置，以及注意考虑相邻建筑排到该屋面的水量。屋面雨水口或落水管位置需要与其他平面图一致。雨水立管承担最大集水区域面积见表 4-5。

表 4-5　雨水立管承担最大集水区域面积表

雨水管内径 /mm	100	150	200
外排水明管	$150m^2$	$400m^2$	$800m^2$
内排水明管	$120m^2$	$300m^2$	$600m^2$
内排水暗管	$100m^2$	$200m^2$	$400m^2$

4.18　高出屋面侧墙汇水面积的计算规则

高出屋面侧墙汇水面积的计算规则如下：

（1）一面侧墙——根据侧墙面积 50% 折算成汇水面积。

（2）两面相邻侧墙——根据两面侧墙面积的平方和的平方根（如 $\sqrt{a^2+b^2}$）的 50% 折算成汇水面积。

（3）两面相对等高侧墙——不计汇水面积。

（4）两面相对不同高度侧墙——

根据高出底墙上面墙面积的 50% 折算成汇水面积。

（5）三面侧墙——根据最低底墙顶以下的中间墙面积的 50% 加上（2）、（4）两种情况最低底墙顶以上墙面面积。

（6）四面侧墙——最低底墙顶以下墙面不计入，只计算（1）、（2）、（4）、（5）的情况最低底墙顶以上的面积。

4.19　给水管管径的计算

给水管管径的计算公式一如下：

$$D=\sqrt{\dfrac{V_{秒}}{\dfrac{\pi}{4}W}}$$

式中　D——管道的计算内径，单位为 m。

　　　$V_{秒}$——通过管道的流量，单位为 m^3/s。

　　　π——常数，即 3.14。

　　　W——通过管道的流体速度，单位为 m/s，一般取 1.5~2.0m/s。

给水管管径的计算公式二如下：

$$D_i=\sqrt{\dfrac{4000Q_i}{\pi v}}$$

式中　D_i——某一管段的供水直径，单位为 mm；

Q_i——该管段的用水量，单位为 L/s；

v——管网中水流速度，单位为 m/s，一般取经济流速 1.5~2.0m/s。

根据计算而得到的某一管段的用

水量 Q_i，再将 $v=1.5$m/s 与 2.0m/s 分别代入公式，则可计算出两个管径，选择两个计算管径中间的标准规格的水管即可。如果没有该种规格的水管，选用与直径接近的水管即可。

4.20 水塔距地面高度的计算

【举例】一自来水龙头距地面高 2m，测得水龙头中水的压强为 3.136×10^5Pa，则水塔距地面的高度是多少米？

解：由公式 $P=\rho gh$ 得

$h=P/\rho g = \dfrac{3.136 \times 10^5 \text{Pa}}{1.0 \times 10^3 \text{kg/m}^3 \times 10\text{N/kg}} \approx 31.36\text{m}$

则水塔距地面的高度为

31.36m+2m=33.36m

自来水压力一般为 3~5 公斤，即 0.3~0.5MPa。如果超过 6 公斤，则属于比较高的水压了。如果低于 3 公斤，则一般认为水压较低了。

因此，当需要水龙头中水的压强为 0.3~0.5MPa 时，自来水龙头距地面高为 H_m 时，则需要水塔距地面的高度估算如下：

$$\dfrac{0.3 \sim 0.5\text{MPa}}{1.0 \times 10^3 \text{kg/m}^3 \times 10\text{N/kg}} + H_m$$

4.21 线缆截面积与载流量的计算

根据电器负荷大小来配置导线规格、配置断路器型号，电器负荷大小的计算如下：

功率 P(W)= 电流 I(A)× 电压 U(V)

根据我国的家用电压一般是 220V，则线缆截面积与载流量的计算如下：

1.5mm^2 的线电流安全载流量为 10（A），则承载功率 = 电流 10A × 220V = 2200W。

2.5mm^2 的线电流安全载流量为 16（A），则承载功率 = 电流 16A × 220V = 3520W。

4mm^2 的线电流安全载流量为 25（A），则承载功率 = 电流 25A × 220V = 5500W。

6mm^2 的线电流安全载流量为 32（A），则承载功率 = 电流 32A × 220V = 7040W。

另外，一些一般铜线安全载流量的计算如下：

10mm^2 铜电源线的安全载流量为 65（A）。

16mm^2 铜电源线的安全载流量为 91（A）。

25mm^2 铜电源线的安全载流量为 120（A）。

一般铜导线的安全载流量是根据所允许的线芯最高温度、冷却条件、敷设条件等来确定的。一般铜导线的安全载流量为 5~8A/mm²，铝导线的安全载流量为 3~5A/mm²。

计算铜导线截面积，可以利用铜导线的安全载流量的推荐值 5~8A/mm²，计算出所选取铜导线截面积 S 的上下范围：

$S=<I/(5~8)>=0.125I~0.2I$（mm^2）

式中　S——铜导线截面积，单位为mm^2；

　　　I——负载电流，单位为A。

一些线缆截面积对应的额定电流见表4-6。

表4-6　一些线缆截面积对应的额定电流

额定电流 /A	标称铜导线截面积 /mm^2
1，2，3，4，5，6	1
10	1.5
15，16	2.5
20	2.5
25	4
32	6
40	10
50	10
60	16

4.22　铜电线通过安全电流的计算

铜导线的安全载流量，可以根据所允许的线芯最高温度、冷却条件、敷设条件等来确定的。

如果铜线电流小于28A，则按10A/mm^2来取一般是安全的。如果铜线电流大于120A，则根据5A/mm^2来取一般是安全的。如果是铝线截面积，则要取铜线的1.5~2倍。

一般铜线安全电流最大值（估计值）如下：

2.5mm^2铜电源线的最大安全载流量为28A。

4mm^2铜电源线的最大安全载流量为35A。

6mm^2铜电源线的最大安全载流量为48A。

10mm^2铜电源线的最大安全载流量为65A。

16mm^2铜电源线的最大安全载流量为91A。

25mm^2铜电源线的最大安全载流量为120A。

4.23　铜导线截面积的计算

利用铜导线的安全载流量值，然后计算铜导线截面积S的范围如下：

$S=0.125I~0.2I$（mm^2）

式中　S——铜导线截面积，单位为mm^2；

　　　I——负载电流，单位为A。

tips：铜线在不同温度下的截面积与所能承受的最大电流（不同温升）见表4-7。

表4-7　铜线在不同温度下的线径与所能承受的电流（不同温升）

截面积（大约值）/mm^2	铜线温度 60℃	铜线温度 75℃	铜线温度 85℃	铜线温度 90℃
2.5	20A	20A	25A	25A
4	25A	25A	30A	30A
6	30A	35A	40A	40A
8	40A	50A	55A	55A
14	55A	65A	70A	75A

（续）

截面积（大约值）/mm²	铜线温度 60℃	铜线温度 75℃	铜线温度 85℃	铜线温度 90℃
22	70A	85A	95A	95A
30	85A	100A	100A	110A
38	95A	115A	125A	130A
50	110A	130A	145A	150A
60	125A	150A	165A	170A
70	145A	175A	190A	195A
80	165A	200A	215A	225A
100	195A	230A	250A	260A

注：电线电缆的温升与通过的电流有关，在相同的截面积下，通过的电流越大，电线电缆的温升越高。

4.24 一般导线安全电流

铝导线的截面积所能正常通过的电流的估算如下：

10mm² 以下的铝线，可以按每平方毫米数乘以 5 来估算。

25mm² 以下 10mm² 以上的铝线，可以按每平方毫米数乘以 4 来估算。

35mm² 以上的铝线，可以按每平方毫米数乘以 3 来估算。

70mm²、95mm² 的铝线，可以按每平方毫米数乘以 2.5 来估算。

100mm² 以上的铝线，可以按每平方毫米数乘以 2 来估算。

tips：铜线比铝线要升一个档，例如 2.5mm² 的铜线，则按铝线 4mm² 的来估算。

4.25 铝裸线安全电流的估算

铝裸线安全电流的估算如下：
$$I=KA$$
式中 I——铝裸线安全电流，单位为 A；

A——铝裸线截面积，单位为 mm²；

K——系数，具体见表4-8。

表4-8 铝裸线安全电流的估算系数

导线截面积/mm²	16	25	35	50	70	95	120	150	185	240	300
K	6.5	5	4.5	4	3.5	3	3	2.5	2.5	2	2

4.26 铜裸线安全电流的估算

铜裸线安全电流的估算如下：
$$I=KA$$
式中 I——铜裸线安全电流，单位

为 A；

A——铜裸线截面积，单位为 mm²；

K——系数，具体见表4-9。

表4-9　铜裸线安全电流的估算系数

导线截面积/mm²	16	25	35	50	70	95	120	150	185	240
K	8	6	6	5	4	4	3	3	2.5	2.5

4.27　绝缘铝线安全电流的估算

绝缘铝线安全电流的估算如下：

$$I=KA$$

式中　I——绝缘铝线安全电流，单位为A。

A——绝缘铝线截面积，单位为mm²；

K——系数，具体见表4-10。

表4-10　绝缘铝线安全电流的估算系数

导线截面积/mm²	1	1.5	2.5	4	6	10	16	25	35	50	70	95	120
K	10	—	—	8	7	6	5	4	4	3	3	2	2

4.28　绝缘铜线安全电流的估算

绝缘铜线安全电流的估算如下：

$$I=KA$$

式中　I——绝缘铜线安全电流，单位为A；

A——绝缘铜线截面积，单位为mm²；

K——系数，具体见表4-11。

表4-11　绝缘铜线安全电流的估算系数

导线截面积/mm²	1	1.5	2.5	4	6	10	16	25	35	50	70	95	120
K	14	—	—	11	9	8	7	6	5	4	4	3	3

4.29　绝缘铜线导线穿管时的安全电流的估算

绝缘铜线导线穿管时的安全电流的估算如下：

$$I'=KI$$

式中　I'——导线穿管时的安全电流；

I——导线的安全电流；

K——系数，具体见表4-12。

表4-12　绝缘铜线导线穿管时的安全电流的估算系数

导线穿管的根数	2	3	4
K	0.8	0.7	0.6

4.30　母线排（铝排）安全电流的估算

母线排（铝排）安全电流的估算如下：

$$I=Kd$$

式中　I——铝排安全电流，单位为A。

d——铝排宽度，单位为mm；

K——系数，具体见表4-13。

表4-13　母线排（铝排）安全电流的估算系数

铝排厚度/mm	3	4	5	6	7	8	9	10
K	10	12	13	14	15	16	17	18

tips：母线排（铝排）规格一般是宽度×厚度，其安全电流的估算系数是根据其厚度来确定。确定好估算系数，再与其宽度相乘估算得出安全电流。

4.31　母线排（铜排）安全电流的估算

母线排（铜排）安全电流的估算如下：

$$I=1.3Kd=1.3I_{A1}$$

式中　I——铜排载流量，单位为A；

d——铜排宽度，单位为mm；

K——系数（采用铝排系数）；

I_{A1}——铝安全电流。

4.32　母线排（钢排）安全电流的估算

母线排（钢排）安全电流的估算如下：

$$I=Kab$$

式中　I——钢排载流量；

a——钢排宽度；

b——钢排厚度；

K——系数，具体见表4-14。

表4-14　母线排（钢排）安全电流的估算系数

a/mm	30	40	40	50
b/mm	3	3	4	4
K	1	1	0.8	0.8

4.33　敷设用钢管直径的估算

电动机导线钢管直径的估算如下：

$$\phi=KA$$

式中　ϕ——钢管直径，单位为mm；

A——导线直径，单位为mm；

K——系数，具体见表4-15。

表4-15　电动机导线钢管直径估算的系数

导线截面积/mm²	2.5	4	6	10	16	25	35	50	70	95	120	150
K	6	5	3.5	2.5	2	1.3	1	1	0.7	0.7	0.65	0.5

敷设多根同一截面积导线时钢管直径的估算如下：

$$\phi=Kd$$

式中　ϕ——钢管直径，单位为mm；

K——系数，具体见表4-16；

d——直径，单位为mm。

表4-16　敷设多根同一截面积导线时钢管直径的估算系数

导线根数	1	2	3	4	5	6	7	8	9	10	11	12	13
K	1.7	3	3.2	3.6	4	4.5	2.1	5.6	5.8	6	6.4	6.6	7

建筑电气导线配管直径的估算如下：

$$\phi=KA$$

式中　ϕ——金属管直径，单位为

mm；　　　　　　　　　　　　　　mm^2；

A——导线截面积，单位为　　　　K——系数，具体见表4-17。

表4-17　建筑电气导线配管直径的估算的系数

导线截面积/mm²	2.5	4	6	10	16	25	50	70	95	120	150
K	6	5	3.33	2.5	1.88	1.28	1.14	1.14	0.74	0.83	0.67

4.34　电缆特点的计算

电缆特点的计算见表4-18。

表4-18　电缆特点的计算

项目	计算
护套厚度	挤前外径 ×0.035+1 说明：符合电力电缆，单芯电缆护套的标称厚度应不小于1.4mm，多芯电缆的标称厚度一般应不小于1.8mm
在线测量护套厚度	护套厚度 =(挤护套后的周长—挤护套前的周长)/2π。 护套厚度 =(挤护套后的周长—挤护套前的周长)×0.1592
绝缘厚度最薄点	标称值 ×90%-0.1
单芯护套最薄点	标称值 ×85%-0.1
多芯护套最薄点	标称值 ×80%-0.2
钢丝铠装	根数 =[π×(内护套外径 + 钢丝直径)]/(钢丝直径 ×λ)。 重量 =π× 钢丝直径² ×ρ×L× 根数 ×λ
绝缘、护套的重量	绝缘、护套的重量 =π×(挤前外径 + 厚度)× 厚度 ×L×ρ
钢带的重量	钢带的重量 =[π×(绕包前的外径 +2× 厚度 -1)×2× 厚度 ×ρ×L]/(1+K)
包带的重量	包带的重量 =[π×(绕包前的外径 + 层数 × 厚度)× 层数 × 厚度 ×ρ×L]/(1±K) 式中　K——重叠率或间隙率；为重叠，则 1–K；为间隙，则 1+K； 　　　　$ρ$——材料比重； 　　　　L——电缆长度； 　　　　$λ$——绞入系数

4.35　电缆线径的计算

电线电缆的规格，一般是用截面积来表示的，估算电缆里面铜线或铝线的直径的方法如下：

将导线的截面积除以导线股数，再除以3.14后开平方，其值乘以2即可算出线径。

判断电缆截面面积是否符合国标线径的方法如下：

(独股铜线线径 /2)×(独股铜线线径 /2)×3.14× 股数 = 导线截面面积

【举例】用千分尺检测1.5mm²独股铜线线径为1.38mm，则该电缆截面面积是否符合国标线径？

解：根据

(独股铜线线径 /2)×（ 独股铜线线径 /2）×3.14× 股数 = 导线截面面

积 得

（1.38/2）×（1.38/2）×3.14×1 股 = 1.494954mm^2

因此，该电缆截面面积符合国标线径。

4.36 电线长度的计算

电线长度的计算公式 1 如下：

不解盘的 1 盘电线的米数 =A 根数 × B 根数 ×C 长度 (m)×3.1416

式中 A 根数——横面的电线的根数，横面是指 1 盘电线的上面或下面；

B 根数——竖面的电线的根数，竖面指 1 盘电线的侧面；

C 长度——从内圆到任意一边的边的长度。

【举例】 1 盘 BV2.5 的电线：A 根数为 12 根，B 根数为 16 根，C 长度为 16.5cm，则该盘电线的长度是多少?

解：根据

不解盘的 1 盘电线的米数 =A 根数 ×B 根数 ×C 长度 ×3.1416 得

12×16×0.165×3.1416≈99.53m

说明，该盘电线误差在 1m 内。

电线长度的计算公式 2 如下：

1 盘电线长度（m）= 从内圆到任意一边的边的长度 A× 数出来的圈数 B×3.1416

式中 A——先用钢卷尺测量出来该盘电线从内圆到任意一边的边的长度，单位为 m；

B——该盘电线圈数。

4.37 导线线径的计算

导线线径的估算如下：

铜线 $S=IL/54.4U$　铝线 $S=IL/34U$

式中 I——导线中通过的最大电流，单位为 A；

L——导线的长度，单位为 m；

U——允许的电压降，单位为 V，该电压降可由整个系统中所用的设备范围内，分给系统供电用的电源电压额定值综合起来考虑选用；

S——导线的截面积，单位为 mm^2；

54.4、34——分别为铜和铝的电导率。

4.38 电线重量的计算

电线重量的计算如下：

电线重量 = 导体重量 + 绝缘层重量

导体重量 = 导体比重 × 截面积

绝缘层重量 =3.14×（挤包前外径绝缘厚度）× 绝缘厚度 × 绝缘料比重

式中 铜导体比重为 8.9g/cm^3；

铝比重为 2.7g/cm^3；

截面积一般取标称截面，例如

1.5mm^2、2.5mm^2、4mm^2、6mm^2 等；

PVC 绝缘料比重为 1.5g/cm^3；

PE 绝缘料比重为 0.932g/cm^3；

以上公式计算出的重量单位均为 kg/km。

计算出的电线重量与标准电线重量比较，从而可以判断电线的质量。标准电线参考重量见表 4-19。

表 4-19 标准电线参考重量

序号	型号	规格 /mm²	重量 /(kg/100m)	序号	型号	规格 /mm²	重量 /(kg/100m)
1	BV	1.5	2.00	9	BV	50	49.00
2	BV	2.5	3.16	10	BV	70	69.41
3	BV	4	4.66	11	BV	96	93.24
4	BV	6	6.63	12	BV	120	115.66
5	BV	10	11.53	13	BV	150	145.91
6	BV	16	17.39	14	BV	185	180.94
7	BV	25	26.31	15	BV	240	233.14
8	BV	35	34.93				

4.39 单相断路器承受功率的计算

单相断路器承受功率的计算如下：

瞬时功率 = 瞬时电压 × 瞬时电流。

功率 = 电压 × 电流

功率 = 电压 × 电流 ×0.8(降额系数)

单相，意味着电压为 220V。

【举例】 单相线路 C 32A 断路器承受功率是多少？

解：粗略估计为 32 × 220 = 7.04kW，也就是 7kW。

4.40 三相电断路器承受功率的计算

三相电断路器承受功率的计算如下：

功率 = 电流 × 电压 × $\sqrt{3}$ × 功率因数

电流 = 功率 / 电压 / $\sqrt{3}$ / 功率因数

三相，意味着电压为 380V。

【举例】 一个三相断路器额定电流为 100A，则其承受的功率是多少？

解：$100 × 380 × 1.732 × 0.85 = 55.9$kW，也就是大约 55kW。

4.41 电器负荷与断路器对应的计算

计算功率的一般负载，常分为两种，一种是电阻性负载，一种是电感性负载。对于电阻性负载的计算公式如下：

$$P = UI$$

式中 P——功率，单位为 W；

I——电流，单位为 A；

U——电压，单位为 V。

对于荧光灯负载的计算公式如下：

$$P = UI\cos\phi$$

式中 P——功率，单位为 W；

I——电流，单位为 A；

U——电压，单位为 V；

$\cos\phi$——功率因数，其中荧光灯负载的功率因数 $\cos\phi = 0.5$。不同电感性负载功率因数不同，统一计算家庭用电器时可以将功率因数 $\cos\phi$ 取 0.8。

如果一个家庭所有用电器总功率为 6000W，则最大电流如下：

$I = P/U\cos\phi = 6000 ÷ (220 × 0.8) = 34$（A）

但是，一般情况下，家里的电器不可能全部同时使用，所以加上一个公用系数，公用系数一般取 0.5。因此，上面的计算应修正如下：

$I = P ×$ 公用系数 $/U\cos\phi$
$= 6000 × 0.5 ÷ (220 × 0.8) = 17$（A）

也就是说，该家庭总的电流值为 17A，则总闸断路器不能使用 16A，需要选择大于 17A 的断路器。

4.42 单相负荷电流的计算

不同的单相负荷电流计算有差异。

电灯、电炉等单相电热器具，单相负荷电流计算如下：

功率(W) ÷ 电压(220V) = 电流(A)

【举例1】 一盏 100W 的电灯的负荷电流是多少？

解：根据功率（W）÷ 电压（220V）= 电流（A）得

$100W ÷ 220V ≈ 0.46A$

单相电动机等单相负荷电流计算如下：

功率(W) ÷（电压 ×$\cos\phi$×η）= 电流（A）

式中 $\cos\phi$——功率因数，单相取 0.75；

η——效率，单相取 0.75。

【举例2】 一台 1000W 的单相电动机的负荷电流是多少？

解：根据 功率（W）÷（电压 ×$\cos\phi$×η）= 电流（A）得

$1000 ÷ (220 × 0.75 × 0.75) ≈ 8.08A$

4.43 空调匹数与其功率的计算

空调匹数与其功率对应如下：
空调 1 匹 ≈ 724W(或者 ≈ 750W)。
空调 1.5 匹 ≈ 1086W(或者 ≈ 1200W)。
空调 2 匹 ≈ 1448W(或者 ≈ 1500W)。
空调 2.5 匹 ≈ 1850W（或 ≈ 2000W）
空调 3 匹 ≈ 2172W（或 ≈ 2250W）。

空调在开启的一瞬间最大峰值可以达到其额定功率的 2~3 倍，因此，一般按最大值 3 倍来计算：

1 匹空调的开机瞬间功率峰值可达到 724W × 3 = 2172W。

1.5 匹空调的开机瞬间功率峰值可达到 1086W × 3 = 3258W。

2 匹空调的开机瞬间功率峰值可达到 1448W × 3 = 4344W。

3 匹空调的开机瞬间功率峰值可达到 2172W × 3 = 6516W。

【举例1】 3 匹的空调应该选择多少 A 的断路器？（220V）

解：$3 × 750W = 2250W$
$2250W × 3$（冲击电流）$= 6750W$
$6750W ÷ 220V ≈ 30.68A ≈ 32A$
因此，选择 32A 的断路器。

【举例2】 一台 5 匹空调应该选择多少 A 的断路器？（380V）

解：$5 × 750W = 3750W$
$3750W × 3$（冲击电流）$= 11250W$
$11250W ÷ 380V ≈ 29.6A ≈ 32A$
因此，选择 32A 的断路器。

注：断路器在额定负载时平均操作使用寿命 20000 次。一般在选择配电箱的过程中，应根据照明小、插座中、空调大的选配原则。

4.44 酸性蓄电池充电电流的估算

酸性蓄电池充电电流的估算如下：
初充电——$I=PC \times (5\%\sim8\%)$
正常充电——$I=PC \times (10\%\sim15\%)$

式中 I——电池的充电电流；
PC——电池的容量。

4.45 电能表额定电流的估算

电能表额定电流的估算如下：
$$I=KP$$
式中 I——电能表额定电流，单位

为 A；
P——用电负荷，单位为 kW；
K——系数，见表 4-20。

表 4-20 不同负荷种类的系数 K

负荷种类	三相 380V 动力用电	单相 220V 照明
K	2	5

4.46 电视机距离的估算

电视机最佳距离——电视机荧光
屏尺寸与适视距离的估算如下：
$$S=KL$$
式中 S——最佳距离，单位为 m；
L——电视机尺寸，单位为 in；

K——系 数（$K=0.1\sim1$），见 表
4-21。

表 4-21 不同电视机尺寸的系数 K

电视机尺寸	16in 以下	18in 以上
系数 K	0.1	0.15

4.47 电视机最佳高度的估算

电视机最佳高度的估算如下：
$$H=N+5cm$$
式中 H——眼睛平视最佳高度，单

位为 cm；
N——电视机屏幕中心高度，
单位为 cm。

4.48 水泵电动机功率的计算

水泵电动机功率的计算如下：
$$N=KP=KP_e/\eta$$
$$=K\rho gQH/1000\eta \text{（kW）}$$
式中 P——泵 的 轴功率，单位为
kW，其又叫作输入功率，
也就是电动机传到泵轴
上的功率；
P_e——泵的有效功率，单位为
kW，其又叫输出功率，
也就是单位时间输出介
质从泵中获得的有效

能量；
ρ——泵输送介质的密度，单
位为 kg/m³，一般水的密
度为 1000kg/m³；
Q——泵的流量，单位为 m³/s，
当流量单位为 m³/h 时，
需要换算成 m³/s；
H——泵的扬程，单位为 m；
g——重力加速度，单位为
m/s²，一般为 9.8m/s²；
K——电动机的安全系数，一

般取 1.1~1.3；

η——泵的效率；

N——水泵电动机功率，单位

为 kW。

泵的四个主要工况点的效率值可以通过有关表查询。

4.49 发电机功率的计算

发电机功率的估算如下：

$$P=1.732U/\cos\phi$$

式中　P——发电机功率，单位为 kW；

U——电压，单位为 kV；

I——电流，单位为 A；

$\cos\phi$——功率因数，小于 1。

4.50 电动机导线的选择计算

根据电动机功率估算电流如下：

电流 = 电动机功率 ÷

（$1.73\times380\times0.85\times0.85$）

其中，1.73 是 $\sqrt{3}$，两个 0.85 分别是功率因数与效率，三相中取 0.85，单相取 0.75，380 是 380V 的数值。

tips：电流也可直接查看电动机铭牌标注的电流。

然后根据铜芯线载流量，得到电动机导线规格。

【举例】　一台三相 5.5kW 电动机的导线怎样选择？

解：根据电流 = 电动机功率 ÷（$1.73\times380\times0.85\times0.85$）得

电流 = 5500W ÷（$1.73\times380\times0.85\times0.85$）≈ 11.6A

然后，根据 2.5mm² 铜芯线载流量为 20A，因此，该三相 5.5kW 电动机的导线可以选择 2.5mm² 铜芯线。

4.51 电动机功率的计算

电动机功率的计算，有单相电动机功率、三相电动机功率。其中：

单相电动机功率 $P=IU\cos\phi\cdot\eta$

三相电动机功率 $P=1.73U/\cos\phi\cdot\eta$

说明：单相电动机功率因数与效率均取 0.75，三相电动机各取 0.85。三相电动机 U=380V。单相电动机 U=220V。

因功率因数不确定，因此电流与功率没有标准的比例关系。如果功率

因数根据 0.8 来考虑，则电动机电流与功率的关系大概如下：

三相电动机——I=1.9P

单相电动机——I=5.7P

式中　P——功率；

I——电流。

tips：也就是说三相电动机的电流值约等于功率千瓦数的 2 倍。例如 20kW 的电动机，电流估计值是 40A。

4.52 单相电动机开始工作电容的估算

单相电动机开始工作电容的经验估算如下：

每 10W 1 μF

4.53 单相电动机电容大小的计算

单相电动机电容大小的估算：

$C=8JS$（μF）

式中 C——配用的电容容量，单位
为 μF；

J——电动机起动绕组电流密度，一般选择 5~7A/mm^2；

S——起动绕组导线截面积，单位为 mm^2。

【举例】 装修中一台台扇异常，电动机起动电容参数看不清，发现其起动绕组线径为 0.17mm，则该台台扇电动机起动电容（即单相电动机电容）为多少？

解：截面积 $S=\pi R^2=3.14\times(0.17/2)^2$
$$\approx 0.0227mm^2$$

根据电动机起动绕组电流密度，一般选择 5~7A/mm^2，则 $J=7A/mm^2$

然后根据估计公式 $C=8JS=8\times 7\times 0.0227\approx 1.27\mu F$

因此，装修中该台扇电动机起动电容（即单相电动机电容）选择 $1.2\mu F\pm 5\%$，耐压 500V 的电容即可。

4.54 55kW 电动机选择导线的计算

电动机的额定电流的计算：
额定电流 $I=P/1.732U\cos\phi$

其实，上述公式就是由下列公式演变而来的：$P=\sqrt{3}\,UI\cos\phi$ 其中 $\sqrt{3}\approx 1.732$。

注意，如果 P 额定功率单位为 kW，额定电压单位为 kV，则上述公式计算出的额定电流单位确为 A。

如果涉及效率，则上述公式为
$$P=\sqrt{3}\,\eta UI\cos\phi$$
其中，η 为效率。当铭牌上未提供时，η 估算数值与功率因数基本一样。

则 55kW 电动机（额定电压 380V）的额定电流的计算如下（其中三相电动机当铭牌上未提供功率因数 $\cos\phi$，可按 0.8 或者 0.85 来估算。单相电动机当铭牌上未提供功率因数 $\cos\phi$，可按 0.75 来估算）：$55\div 1.732\div 0.38\div 0.8=31.76\div 0.38\div 0.8=83.58\div 0.8=104.5A$

如果是几十米以内的近距离，则选择铜电线 25mm^2，或者铝电线 35mm^2。

如果是百米以上远距离，则选择铜电线 50mm^2，或者铝电线 70mm^2。

如果是介于远距离与近距离间，则选择铜电线 35mm^2，或者铝电线 50mm^2。

4.55 使用太阳能热水器规格的计算

家装选择太阳能热水器，可以根据常用人数来计算，一般是一个人为 40L 水（淋浴）为基础来计算，则太阳能热水器规格的计算如下：

40L/人 × 人数 = 太阳能热水器的规格

【举例】 一家装业主共 5 个人，则需要选择太阳能热水器的规格是多少？

解：　40L/人 ×5=200L
则选 200L 左右的太阳能热水器即可。

tips：如果家人用水量较大，则需要选大一点的，例如用 50L/人来计算。如果省点用的，则可以根据 30L/人来计算。

4.56 太阳能热水器的能量平衡方程的计算

太阳能热水器实际吸收到的太阳 辐射能一部分用来加热水，一部分用于加热集热器、水箱、管路等部分，以及补偿系统各部分的热损失。

太阳能热水器的能量平衡方程的计算如下：

$$Q_A=Q_U+Q_L+Q_S$$

式中　Q_A——每天每平方米太阳能热水器吸热表面吸收的太阳辐射，单位为 kJ 或 kcal；

Q_U——每天每平方米太阳能热水器中工作流体获得的热量，单位为 kJ 或 kcal；

Q_L——每天每平方米太阳能热水器通过辐射、对流和传导散失到周围环境的热量，单位为 kJ 或 kcal；

Q_S——太阳能热水器贮存的能量，单位为 kJ 或 kcal。

上式　$Q_A=(t_a)H_T$

$Q_U=MC_p(t_e-t_i)$ 或 $M=Q_U/C_p(t_e-t_i)$

$Q_L=U_L(t_e-t_a)t_D$

$Q_S=SC_cD_T$

式中　H_T——单位面积集热器倾斜面太阳辐射日总量，单位为 kJ/m² 或 kcal/m²；

(t_a)——透过吸收率乘积，单位为 %；

t_e、t_i、t_a——热水器终止水温、初始水温、环境温度，单位为 ℃；

M——单位面积太阳能热水器的产水量，单位为 kg/m²；

C_p——水的定压比热容，单位为 kJ/(kg·℃) 或 kcal/(kg·℃)。

U_L——太阳能热水器总热损系数，单位为 W/(m²·℃) 或 kcal/(m²·℃)；

t_D——集热器吸收辐射的累计时间，单位为 s；

C_c——单位面积太阳能热水器各部分的热容，单位为 kJ/(m²·℃)；

S——热水器的接收的有效面积，单位为 m²；

D_T——太阳能热水器各部分的温升，单位为 ℃。

计算各月太阳辐射日总量月平均值，可以根据表 4-22 选择各月代表日以简化计算。

表 4-22　某地各月代表日选择表

月份	日期	太阳赤纬	序日
1	17	−20.84	17
2	14	−13.32	45
3	15	−2.40	74
4	15	9.46	105
5	15	18.78	135
6	10	23.04	161
7	18	21.11	199
8	18	12.28	230
9	18	1.97	261
10	19	−9.84	292
11	18	−19.02	322
12	23	23.12	347

4.57　电热水器加热时间与耗电量的计算

电热水器加热时间的计算：

$$T=Cm\Delta t/\eta p$$

式中　C——比热，4.2×10^3 J/(kg·℃)；

m——水的质量，单位为 kg；

Δt——温差，单位为 ℃；

η——热效率，为方便起见，可以按 100% 来计算；

p——功率，单位为 W；

T——加热时间，单位为 s。

电热水器加热时间简化公式的计算如下（热效率为100%）：

$$T（小时）=1.17× 升数 × 温升/热水器功率$$

储水式电热水器耗电量（度）计算如下：

储水式电热水器耗电量（度）= 功率 *P*（kW）× 时间 *T*（h）

式中　*T*——加热时间。

4.58　电灯的额定电压与额定功率的确定

额定电压的确定。电灯额定电压的选择，主要从人身安全的角度出发来考虑。在触电机会较多、危险性较大的场所，局部照明、手提照明等应选择采用额定电压为36V以下的安全灯，以及配用行灯变压器降压。安装高度能符合规程规定，也就是一般情况下灯头距地面不低于2m，特殊情况下不低于1.5m。

触电机会较少、触电危险性较小的场所，一般选择采用额定电压为220V的普通照明灯，这样不需降压变压器，安装方便。

额定功率的确定，也就是瓦数、盏数的确定。为了满足工作、学习、生活等需要，不同照明场所，需要不同的照度。要求不太严格的场所，可以根据单位面积所需要的照明功率来计算，也就是先计算整个场所所需的照明功率，再确定每盏灯的功率、盏数，有关计算如下：

$$\sum P=WS$$

式中　$\sum P$——场所所需要的总照明功率，单位为 W；

　　　S——整个照明场所的面积，单位为 m^2；

　　　W——单位面积所需要的照明功率，单位为 W/m^2。单位面积照明功率可参考表4-23。

表4-23　单位面积照明功率表

照明场所	功率 /（W/m²）	照明场所	功率 /（W/m²）	照明场所	功率 /（W/m²）
焊接车间	8	仓库	5	学校	·5
锻工车间	7	生活间	8	饭堂	4
铸工车间	8	锅炉房	4	浴室	3
金工车间	8	木工车间	11	汽车库	8
修理车间	12	配电室	15	住宅	4

场所所需要的总照明功率 $\sum P$ 计算后，就可以确定安装电灯的盏数 *N*，计算每盏灯的功率 *P* 如下：

$$P= \sum P/N$$

式中　$\sum P$——场所所需要的总照明功率；

　　　N——确定安装电灯的盏数；

　　　P——每盏灯的功率。

4.59　照度计算与照明计算——概述

照明计算是正确进行照明设计的重要环节，是对照明质量做定量评价的一项技术指标。

照度计算，就是根据初步拟定的照明方案计算工作面上的照度，检验是否符合照度标准的要求。照度计算，也可以在初步确定灯具类型、功率、悬挂高度后，根据工作面上的照度标准值来计算灯具数目，确定布置方案。

常见照度的计算方法如图4-1所示。

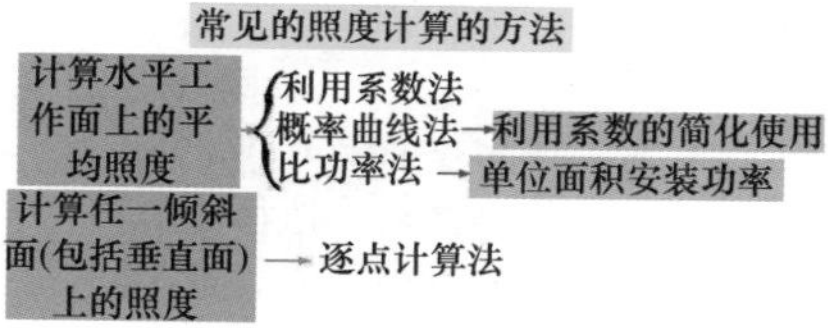

常见的照度计算的方法

计算水平工作面上的平均照度
{ 利用系数法
  概率曲线法 → 利用系数的简化使用
  比功率法 → 单位面积安装功率 }

计算任一倾斜面(包括垂直面)上的照度 → 逐点计算法

图4-1　常见照度的计算方法

4.60　照度计算与照明计算——利用系数法

照度是指物体被照亮的程度，一般采用单位面积所接受的光通量来表示。

利用系数法。根据房间的几何形状、照明器的数量、照明器的类型来确定工作面的平均照度；也可以根据工作面上的平均照度标准值来确定灯具的数量。利用系数法对于每个灯具来说，由与最后落到工作面上的光通量光源发出的额定光通量之比值称为光源光通量利用系数（简称利用系数）。利用系数的计算公式如下：

$$U=\frac{\Phi_f}{\Phi_S}$$

式中　U——利用系数；

Φ_f——由灯具发出的最后落到工作面上的光通量；

Φ_S——每个灯具中光源额定总光通量。

利用系数法的基本公式如下：

$$E_{av}=UKn\Phi/A$$

式中　U——利用系数；

E_{av}——平均照度；

K——维护系数（也称减光系数）；

n——灯的盏数；

Φ——每盏灯发出的光通量；

A——工作面面积。

室形指数如下：

$$i=\frac{AB}{h(A+B)}$$

式中　A、B——房间的长度、宽度；

i——室形指数；

h——照明灯具的计算高度。

利用系数法考虑了由光源直接投射到工作面上的光通量，以及经过室内表面相互反射后再投射到工作面上的光通量。利用系数法一般适用于灯具均匀布置、墙与天棚反射系数较高、空间无大型设备遮挡的室内一般照明。利用系数法也适用于灯具均匀布置的室外照明。

利用系数法的计算步骤如下：

（1）需要判断采用该方法是否合适。

（2）根据灯具的计算高度、房间尺寸确定室形指数 i。

（3）根据所选用灯具的型式及墙壁、天棚、地面的反射系数 P_q、P_t、P_d，从灯具产品技术数据中查找相应的光通利用系数 U。

（4）然后根据计算的光通量选择灯具的容量。

室内平均照度 E_{av} 与照明器具的数量等关系的计算公式如下：

$$E_{av}=\frac{\Phi_S NUK}{A}$$

式中 E_{av}——工作面平均照度，单位为 lx；

　　　Φ_S——每个灯具中光源额定总光通量，单位为 lm；

　　　N——灯具数；

　　　U——利用系数；

　　　A——工作面面积，单位为 m^2；

　　　K——维护系数。

考虑到灯具在使用过程中，因光源光通量的衰减、灯具与房间的污染而引起照度下降。一些房间或者场所的维护系数 K 见表 4-24。

表 4-24　一些房间或者场所的维护系数 K

环境污染特征		房间或场所举例	灯具最小擦拭次数 /（次 / 年）	维护系数值
室内	清洁	卧室、办公室、餐厅、阅览室、教室、病房、客房、仪器仪表装配间、电子元器件装配间、检验室等	2	0.80
	一般	商店营业厅、候车室、影剧院、机械加工车间、机械装配车间、体育馆等	2	0.70
	污染严重	厨房、锻工车间、铸工车间、水泥车间等	3	0.60
室外	室外	雨蓬、站台	2	0.65

根据利用系数法计算工作面上的平均照度的思路。已知灯具光源总数时，可根据下式来计算工作面上的平均照度：

$$E_{av}=\frac{\Phi_S NUK}{A}$$

根据利用系数法确定灯数。已知工作面上的平均照度标准值时，可根据下式来确定灯数：

$$N=\frac{E_{av}A}{UK\Phi_S}$$

4.61　照度计算与照明计算——概率曲线法

为了简化计算，把利用系数法计算的结果制成曲线，并且假设受照面上的平均照度为 100lx，绘出的被照房间面积与所用灯具数目的关系曲线，就称为概率曲线。

概率曲线适用于一般均匀照明的照度计算。

该曲线假设的条件是：被照水平工作面的平均照度为 100lx，而且给定的维护系数为 0.7。

根据概率曲线法计算照度的思路如下：

（1）首先计算受照房间面积 A。

（2）然后根据灯具型式、计算高度、墙壁 / 顶棚 / 地板的反射比、房间面积 A，查对应的灯具概率曲线，以计算灯数 N。

（3）根据公式计算水平工作面的平均照度，如下：

$$E=\frac{100Kn}{0.7N}$$

式中　K——实际采用的维护系数；

　　　n——实际采用灯数；

　　　0.7——概率曲线上假设的维护系数；

　　　N——根据概率曲线查得的灯

具数量。

根据概率曲线法确定灯数的思路如下：

（1）试选灯具、光源。

（2）计算受照房间面积 A。

（3）根据灯具型式、计算高度、墙壁／顶棚／地板的反射比、房间面积 A，查对应的灯具概率曲线，计算出灯数 N。

（4）根据照度标准值 E 确定灯数 n，如下：

$$n = \frac{0.7EN}{100K}$$

4.62 照度计算与照明计算——比功率法（单位容量法）

实际照明设计中，常采用"单位容量法"对照明用电量进行估算，单位容量法是一种简单的计算方法，一般只适用于近似估算。

照明光源的比功率，是指单位面积上照明光源的安装功率 P_0，即如下：

$$P_0 = \frac{nP_N}{A}$$

式中　n——灯数；

　　　P_N——每盏灯的额定功率；

　　　A——受照房间面积。

根据比功率估算灯具安装功率。受照房间的灯具总功率可根据下式来估算：

$$P_\Sigma = P_0 A = nP_N$$

式中　P_0——灯具的比功率，单位为 W/m^2，可以参看一些相关手册。

每盏灯的功率计算如下：

$$P_N = \frac{P_0 A}{n}$$

配用型灯具的比功率见表 4-25。

表 4-25　配用型灯具的比功率

计算高度 h/m	房间面积 A/m^2	平均照度 E_{av}/lx						
		5	10	15	20	30	50	75
2~3	10~15	3.3	6.2	8.4	11	15	22	30
	15~25	2.7	5.0	6.8	9.0	12	18	25
	25~50	2.3	4.3	5.9	7.5	10	15	21
	50~150	2.0	3.8	5.3	6.7	9.0	13	18
	150~300	1.8	3.4	4.7	6.0	8.0	12	17
	300 以上	1.7	3.2	4.5	5.8	7.5	11	16
3~4	10~15	4.3	7.5	9.6	12.7	17	26	36
	15~20	3.7	6.4	8.5	11	14	22	31
	20~30	3.1	5.5	7.2	9.3	13	19	27
	30~50	2.5	4.5	6.0	7.5	10.5	15	22
	50~120	2.1	3.8	5.1	6.3	8.5	13	18
	120~130	1.8	3.3	4.4	5.5	7.5	12	16
	300 以上	1.7	2.9	4.0	5.0	7.0	11	15

控用式荧光灯（如 YG2-1 型）的比功率见表 4-26。

表 4-26　控用式荧光灯（如 YG2-1 型）的比功率

计算高度 h/m	房间面积 A/m²	平均照度 E_{av}/lx					
		30	50	75	100	150	200
2~3	10~15	3.2	5.2	7.8	10.4	15.6	21
	15~25	2.7	4.5	6.7	8.9	13.4	18
	25~50	2.4	3.9	5.8	7.7	11.6	15.4
	50~150	2.1	3.4	5.1	6.8	10.2	13.6
	150~300	1.9	3.2	4.7	6.3	9.4	12.5
	300 以上	1.8	3.0	4.5	5.9	8.9	11.8
3~4	10~15	4.5	7.5	11.3	15	23	30
	15~20	3.8	6.2	9.3	12.4	19	25
	20~30	3.2	5.3	8.0	10.8	15.9	21.2
	30~50	2.7	4.5	6.8	9.0	13.6	18.1
	50~120	2.4	3.9	5.8	7.7	11.6	15.4
	120~300	2.1	3.4	5.1	6.8	10.2	13.5
	300 以上	1.9	3.2	4.9	6.3	9.5	12.6

4.63 照度计算与照明计算——逐点计算法

逐点计算法就是指逐一计算附近各个光源对照度计算点的照度，然后进行叠加，得其总照度的一种计算方法。

逐点计算法的主要特点如下：

（1）假设灯具的光源为点光源。

（2）逐点计算法利用距离平方反比定律，也就是照度定律来计算，具体如图 4-2 所示。

逐点计算法可计算任一倾斜面上的照度，但是只计算光源的直射照度（不含反射光通引起的照度），因此适于带反射罩的灯具照明。

任意倾斜面上照度的计算。任意倾斜面上的照度 E 的计算如图 4-3 所示。

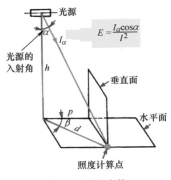

图 4-2　照度定律

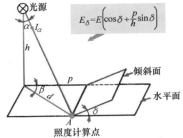

图 4-3　任意倾斜面上照度的计算图解

图中 E 为照度计算点的水平照度；

δ 为倾斜面（背光面）与水平面的夹角；

l 为光源与计算点之间的距离；

I_a 为光源照射方向的光强；

h 为光源到水平面的垂直距离；

p 为光源在水平面上的投影到倾斜面与水平面交线的垂直距离。

垂直面上照度的计算。垂直面上的照度 $E_\perp$ 的计算如下：

$$E_\perp=\frac{p}{h}E$$

式中 E——照度计算点的水平照度。

逐点计算法的计算步骤如下：

（1）首先根据所确定的照明方案，选择几个有检验意义的照度计算点。

（2）查假想照度 E_{ima} 方法1——根据每盏灯对计算点的 d/h 比值、灯具对计算点的水平面位置角 β，以及灯具的平面相对照度曲线查得各灯具的假想光源（$\Phi=1000lm$）在计算点的水平面上产生的假想照度 E_{ima}。

查假想照度 E_{ima} 方法2——根据每盏灯到计算点的水平距离 d、垂直距离 h，以及有关灯具的空间等照度曲线查得各灯具的假想光源（$\Phi=1000lm$）在计算点的水平面上产生的假想照度 E_{ima}。

（3）计算各灯具的实际光源（其光通量为 Φ_N）在计算点的水平面上产生的照度：

① 利用灯具的平面相对照度曲线计算，一般根据下式来计算：

$$E=\frac{K\Phi_N E_{ima}}{1000h^2}$$

式中 K——维护系数。

② 利用灯具的空间等照度曲线计算，一般根据下式来计算：

$$E=\frac{K\Phi_N E_{ima}}{1000}$$

（4）计算点水平面上由所有光源直射产生的总的水平照度的计算如下：

$$E_\Sigma=\sum E_i$$

式中 E_i——各灯对计算点产生的水平照度 E。

（5）各灯对计算点产生的倾斜面照度或垂直面照度的计算如下：

$$E_\delta=E\left(\cos\delta+\frac{p}{h}\sin\delta\right)$$

$$E_\perp=\frac{p}{h}E$$

（6）计算点总的倾斜面照度或垂直面照度的计算如下：

$$E_{\delta\Sigma}=\sum E_\delta$$
$$E_{\perp\Sigma}=\sum E_\perp$$

4.64 照度计算与照明计算——简化逐点计算方法

简化逐点计算方法，是适于粗略估算的一种方法，其计算特点如下：

（1）首先计算出灯具与被照物间距离的平方值。

（2）然后用计算结果乘以所要求的设计照度值，即可得到近似的光强值。

tips：商店或艺术品展示等所需要的照度可达到2690lx。住宅、旅馆、餐厅等处的照度一般为210~540lx。

【举例】 有装修工程，房间的顶棚很高，灯具与油画的距离为6m。如果想要照亮住宅中的一幅画，其照度大约为540lx，则灯具的中心光强值是多少？

解：6m×6m=36m²

36m²×540lx=19440cd

由此可以得到所需灯具的中心光强值。

知道了灯具的中心光强值，则可以选择灯具。光强为20000cd的几种射灯的参数见表4-27。

表 4-27　光强为 20000cd 的几种射灯的参数

灯具	光强 /cd	光束角 /(°)
60W PAR38 射灯	20000	10
35W PAR36 低压卤钨射灯	20000	8
50W PAR36 低压钨丝射灯（窄光束）	20000	6

4.65　照度计算与照明计算——功率密度法

功率密度法，是适于粗略估算的方法。一个房间的照度计算（照明水平）如下：

房间面积乘以单位面积上消耗的照明用电功耗，得出使用荧光灯或白炽灯光源时的用电功率。

使用功率密度法时，需要注意以下几点：

（1）房间的照明设计中，尽量采用普通的或常用的照明设备。

（2）了解白炽灯、卤钨灯、荧光灯等光源在照明效果方面的差别。

（3）功率密度法仅适合于具有白色天花板、中性色调、浅色调的墙面，窗户数量适当等要求的普通房间。

（4）房间墙面为暗色调或房间的形状比较特殊时，功率密度法一般不适用。

4.66　照度计算与照明计算——简化流明法

简化流明法，是适于粗略估算的方法，并且只适合于某些类型的照明以及在某些场所的使用。

简化流明法使用的特点如下：

（1）用光源的初始总光通量除以被照明场所的面积。

（2）将前面得到的结果再除以2，就能得到被照明场所的照度近似值。

如果想要知道所希望得到的照明水平需要多少光通量的话，把上面的过程倒过来即可：

（1）将设计照度乘以2。

（2）用获得的结果乘以房间面积，由此可以得到所需要的总光通量。

（3）用总光通量除以所用光源的单灯初始光通量，即可获得所需要的灯的数量。

【举例】　一间 15m^2 的办公室装修工程，房间中有 4 盏双光源灯具，每个光源的光通量是 2850lm，则该间办公室装修工程的总光通量是多少？

解：$4 \times 2 \times 2850$lm＝22800lm

22800lm ÷ 15m^2＝1520lm/m^2

$1520 ÷ 2 = 760$lm

因此，该间办公室装修工程的总光通量为 760lm。

4.67　照明用电量的计算

照明用电量（L）的计算如下：

$$L=WT\frac{EA}{FK}=\frac{EAT}{K\eta}$$

式中　W——每一盏灯具消耗的电功率，单位为 kW/ 盏；

T——开灯时间，单位为 h；

E——平均设计照度，单位为 lx；

A——地板面积，单位为 m^2；

F——每盏灯具的灯泡流明，

单位为 lm ；

K——维护系数；

η——灯泡的综合效率，计算公式为 F/W，其中 F 为灯具流明数。

降低照明电耗，可以使用高效灯泡、提高灯具的维修率；或减少开灯时间、保持适当的照度、尽量采用局部照明等。高效节能的电光源应用如下：

（1）大力推广高压钠灯、金属卤化物灯的应用。

（2）推广发光二极管（LED）的应用。

（3）用卤钨灯取代普通照明白炽灯，可以节电 50%~60%。

（4）用直管型荧光灯取代白炽灯、直管型荧光灯的升级换代，可以节电 70%~90%。

（5）用自镇流单端荧光灯取代白炽灯，可以节电 70%~80%。

4.68 民用住宅负荷的估算——单位建筑面积法

民用住宅负荷的估算——单位建筑面积法的计算如下：

$$P=KA（W）$$

式中 P——民用住宅用电负荷；

A——民用住宅面积，单位为 m²；

K——系数，见表4-28。

表4-28 系数

住宅档次	低	一般	中	高
K	10	20	30	90

4.69 民用住宅负荷的估算——户为基准法

民用住宅负荷的估算——户为基准法的计算如下：

$$P=KN$$

式中 P——民用住宅用电负荷（总负荷）；

N——民用住宅户数；

K——系数，见表4-29。

表4-29 户为基准法计算系数

住宅档次	低	一般	中	高
K	0.5	1	3	6

4.70 民用住宅负荷估算——居民生活区配电变压器容量估算

民用住宅负荷估算——居民生活区配电变压器容量估算如下：

$$P=KA$$

式中 P——变压器容量，单位为 kVA ；

A——建筑面积，单位为 km²。

K——系数，见表4-30。

表4-30 居民生活区配电变压器容量估算系数

住宅档次	低	一般	中	高
K	4	6	8	10

4.71 变压器电压比的计算

一般的电力变压器中，绕组电阻压降很小，可以忽略不计。因此，在一次绕组中可以认为电压 $U_1=E_1$。因二次绕组开路，则电流 $I_2=0$，其端电压 U_2 与感应电动势 E_2 相等，也就是 $U_2=E_2$。因此，一次侧、二次侧感应电动势计算如下：

$$\frac{U_1}{U_2}=\frac{N_1}{N_2}=K$$

式中　K——一次侧电压 U_1 和二次侧电压 U_2 之比。K 的数值也叫作变压器的电压比。

说明：$N_1>N_2$ 时，$K>1$，变压器降压；$N_1<N_2$ 时，$K<1$，变压器升压。

从能量观点来看，变压器电压比计算如下：

$$K=\frac{U_1}{U_2}=\frac{N_1}{N_2}=\frac{I_2}{I_1}$$

说明：从能量观点来看，变压器一次从电源吸取的功率 P_1 应等于二次绕组的输出功率 P_2（忽略变压器的电阻、磁通的传递损耗）。一台变压器的匝数 $N_1<N_2$，为升压变压器，则电流 $I_1>I_2$；如果绕组匝数 $N_1>N_2$，为降压变压器，则电流 $I_2>I_1$。

另外，变压器的有关计算公式见表 4-31。

表 4-31　变压器的有关计算公式

名称	公　式	符号与单位
电压比	$\dfrac{U_1}{U_2}=\dfrac{N_1}{N_2}$	N_1——一次绕组匝数； N_2——二次绕组匝数； U_1——变压器一次侧电压，单位为 V； U_2——变压器二次侧电压，单位为 V； ΔU_N——额定电压调整率； U_{2N}——变压器二次侧额定电压，单位为 V； N_0——变压器每伏应绕匝数； I_1——变压器一次侧电流，单位为 A； I_2——变压器二次侧电流，单位为 A； B——铁心中磁感应强度，单位为 T； S——铁心截面积，单位为 m²
电流比 （理想变压器）	$\dfrac{I_1}{I_2}=\dfrac{U_2}{U_1}$	
电压调整率	$\Delta U_N=\dfrac{U_{2N}-U_2}{U_{2N}}\times100\%$	
每伏匝数	$N_0=\dfrac{45\times10^{-4}}{BS}$	

4.72　变压器最佳负荷率的计算

变压器最佳负荷率的计算如下：

$$\beta_m=\frac{\sqrt{P_0}}{\sqrt{P_d}}$$

式中　P_0——变压器空载损耗；

P_d——变压器额定负载损耗、铜损、短路损耗。

说明：对于国产变压器 β_m 一般为 0.4~0.6。

4.73　民用住宅负荷估算——住宅用电量住户用电负荷

住宅用电量，每住户用电负荷为 3~6kW，也可以采用下列公式估算：

$$P_\Sigma=4.5N$$

式中　P_Σ——总的用电设备负荷，单位为 kW；

N——住宅户数。

民用住宅计算负荷（根据用电的同期性，可以根据下式来计算）：

$$PC=2.16N$$

式中　PC——计算负荷，单位为 kW

【举例】　一住宅为 36 户，则总的用电设备负荷、计算负荷分别为多少？

解：总的用电设备负荷 $P_\Sigma=4.5N$ $=4.5\times36=162$（kW）

计算负荷 $PC=2.16N=2.16\times36\approx77.8$（kW）

4.74 单相用电选配变压器的计算

单相用电选配变压器的计算如下：

P_{js}= 单相用电满负荷 $\times K_x \times K_t / \cos\phi$

式中 $\cos\phi$——功率因数，一般取0.9；

K_t——同时系数，一般取0.8；

K_x——需用系数，一般取0.7；

P_{js}——单相用电选配变压器的功率。

也就是：

P_{js}= 单相用电满负荷 $\times 0.7 \times 0.8 \div 0.9$

【举例】 一装修工程单相用电满

负荷200kW时，需要配多大千伏安的变压器？

解：根据P_{js}= 单相用电满负荷 $\times 0.7 \times 0.8 \div 0.9$ 得

P_{js}=200$\times 0.7 \times 0.8 \div 0.9$=124.44kVA

因此，可以选择150kVA的变压器。

单相用电选配变压器没有考虑三相用电负荷，如果考虑，则容量需要加上三相负荷。考虑单相时，实际是分配到三相中来计算，即每相的功率。

4.75 自动断路器整定电流的估算

自动断路器整定电流的估算见表4-32。

表4-32 自动断路器整定电流的估算

项目	估算
单台电动机瞬时动作脱扣器整定电流	单台电动机瞬时动作脱扣器整定电流的估算如下： $I=10I_N$ 式中 I——瞬时动作脱扣器整定电流，单位为A； I_N——电动机额定电流，单位为A
配电干线回路瞬时动作脱扣器整定电流	配电干线回路瞬时动作脱扣器整定电流的估算如下： $I=10I_{Nmax}+1.3\sum I_C$ 式中 I——瞬时动作脱扣器整定电流，单位为A； I_{Nmax}——回路中最大一台电动机的额定电流； $\sum I_C$——回路中其余负荷计算电流之和
热脱扣器整定电流	热脱扣器整定电流的估算如下： $I=I_N$
延时脱扣器整定电流	延时脱扣器整定电流的估算如下： $I=1.7I_N$
变压器瞬时动作脱扣器整定电流	变压器瞬时动作脱扣器整定电流的估算如下： $I=3S$ 式中 I——脱扣器的整定电流，单位为A； S——变压器的额定容量，单位为kVA

4.76 三相电动机自动断路器电流的估算

三相电动机断路器的电流估算如下：

$$I=2P$$

式中 I——断路器的电流，单位为A；

P——三相电动机的功率，单位为kW。

4.77 漏电保护器动作电流的估算

一般场所，漏电保护器动作电流不大于30mA，危险场所不大于15mA，浴池等场所不大于10mA，其他动作时间不得超过0.1s。其中估算方法如下：

照明回路和居民用电回路：$I_L \geqslant I_{max}/2000$。

三相三线制或三相四线制动力回路或动力、照明回路：$I_L \geqslant I_{max}/1000$。

其中，I_L 表示为漏电保护器的动作电流；

I_{max} 表示为电路的实际最大负荷电流。

4.78 漏电断路器动作时间与动作电流的计算

漏电断路器在设备异常电流增大时，开关跳闸起到保护设备、线路的作用。漏电断路器动作时间与动作电流，一般有规范规定。一般电气设备控制、工程中的插座回路，均需要安装漏电保护断路器。

有关规范规定如下：

（1）漏电保护断路器漏电电流小于等于30mA，动作时间小于0.1s。

（2）在地下室、坑道中、潮湿场所，漏电保护断路器漏电电流小于等于15mA，动作时间小于0.1s。

根据经验公式选择漏电保护断路器的动作电流如下：

（1）分支电路中的漏电保护断路器。漏电保护断路器动作电流应大于线路正常运行条件下实测最大泄漏电流的2.5倍。

（2）单机配用的漏电保护断路器。漏电保护断路器动作电流应大于设备正常运行条件下实测最大泄漏电流的4倍。

（3）照明回路、居民用电回路。漏电保护断路器的动作电流大于或等于电路的实际最大供电电流的1/2000。

（4）三相四线制动力回路。漏电保护断路器的动作电流大于或等于电路的实际最大供电电流的1/1000。

4.79 二相断路器的电流与功率的换算

二相断路器的电流与功率的换算计算如下：

功率（P）= 电压（U）× 电流（I）

断路器应选择电流大于实际电流2倍以上的。

【举例】 二相220V，电动机的功率为10kW，需要选用多少安培的塑壳式断路器来控制？

解： 根据 $I=P/U$ 得

$10000/220 \approx 45.454545455$（A）

则根据断路器应选择电流大于实际电流2倍以上的，因此，需要选择100A左右的塑壳式断路器。

4.80 交流接触器与热继电器的估算

交流接触器的额定电流估算如下：

$I=（1.3{\sim}2）I_N$

式中 I——交流接触器额定电流；

I_N——电动机额定电流。热继电器的额定电流估算如下：

$$I=KI_N$$

式中 I——热继电器的额定电流；

I_N——电动机的额定电流；

K——系数（选择热继电器时 $K=1.2$、整定电流时 $K=1.05$）。

4.81 绝缘电阻的估算

电焊机绝缘电阻估算如下：

$$R>U_N/(1000+P/100) \approx U_N/1000$$

式中 R——绝缘电阻最低要求，单位为 $M\Omega$；

U_N——绕组额定电压；

P——额定功率，单位为 kVA。

电动机和变压器绝缘电阻估算如下：

$$R=U_N/(1000+P/100)$$

式中 R——绝缘电阻最低值，单位为 $M\Omega$；

P——额定功率，单位为 kW。

4.82 公装与建筑施工总用电量与电流的估算

临时用电量的估算1——同时考虑施工现场的动力、照明用电，可以根据下式来计算：

$$S=K[(\sum P_1/\eta \cos\phi)K_1K_2+\sum P_2K_3]$$

式中 S——工地总用电量；

K——备用系数，一般 $K=1.05\sim1.1$；

$\sum P_1$——全工地动力设备的额定输出功率总和，单位为 kW；

$\sum P_2$——全工地照明用电量总和，单位为 kW；

η——动力设备效率，即各电动机的平均效率，一般取 $\eta=0.85$；

$\cos\phi$——功率因数，建筑工地一般用 0.65；

K_1——全部动力设备同时使用系数，一般 5 台以下时取 $K_1=0.6$，5 台以上时取 $K_1=0.4\sim0.5$；

K_2——动力负荷系数，主要考虑负荷的工作情况（不考虑负荷性质），一般取 $K_2=0.75\sim1$；

K_3——照明设备同时使用系数，一般取 $K_3=0.6\sim0.9$。

临时用电量的估算2——工地照明用电量很小，为简明计算，则可以在动力用电量外再加 10%，作为总用电量，计算公式如下：

$$S_{动}=K_1(\sum P_1/\eta \cos\phi)K_2$$

得出总的用电量之后，再计算工地所需的总电流，其公式为

$$I=(1000S_z)/(1.73U)$$

式中 I——总电流，单位为 A；

S_z——工地总用电量，单位为 kVA；

U——供电系统的线电压，$U=380$V。

4.83 变压器损耗的计算

变压器有功损耗如下：

$$\Delta P=P_0+K_T\beta^2P_K$$

变压器无功损耗如下：

变压器综合功率损耗如下：

$$\Delta Q=Q_0+K_T\beta^2Q_K$$

变压器综合功率损耗如下：

$$\Delta P_Z=\Delta P+K_Q\Delta Q$$

$$Q_0 \approx I_0\% S_N$$
$$Q_K \approx U_K\% S_N$$

式中 Q_0 ——空载无功损耗，单位为 kvar；

P_0 ——空载损耗，单位为 kW；

P_K ——额定负载损耗，单位为 kW；

S_N ——变压器额定容量，单位为 kVA；

$I_0\%$ ——变压器空载电流百分比；

$U_K\%$ ——短路电压百分比；

β ——平均负载系数；

K_T ——负载波动损耗系数；

Q_K ——额定负载漏磁功率，单位为 kvar；

K_Q ——无功经济当量，单位为 kW/kvar。

4.84 配电变压器容量的选择与计算——根据最佳负荷率来确定

配电变压器容量的选择，可以根据变压器效率最高时的负荷率 β_M 来选择容量。当建筑物的计算负荷确定后，配电变压器的总装机容量如下：

$$S=P_{js}/\beta_b \cos\phi_2 \ (kVA)$$

式中 P_{js} ——建筑物的有功计算负荷，单位为 kW；

$\cos\phi_2$ ——补偿后的平均功率因数，一般不小于 0.9；

β_b ——变压器的负荷率。

变压器容量的最终确定就在于选定变压器的负荷率 β_b。当变压器的负荷率为：

$$\beta_b=\beta_M=P_0/P_{KH} \quad 时效率最高$$

式中 P_0 ——变压器的空载损耗；

P_{KH} ——变压器的额定负载损耗，或称铜损、短路损耗；

P_{KH}/P_0 ——变压器损耗比 R。

国产 SGL 型电力变压器的最佳负荷率计算见表 4-33。

表 4-33 国产 SGL 型电力变压器的最佳负荷率计算

容量 /kVA	空载损耗 /W	负载损耗 /W	损耗比 R	最佳负荷率 β_M
500	1850	4850	2.62	61.8
630	2100	5650	2.69	61.0
800	2400	7500	3.13	56.6
1000	2800	9200	3.20	55.2
1250	3350	11000	3.28	55.2
1600	3950	13300	3.37	54.5

另外，配电变压器容量的选择与计算，还可以根据节能负荷率来确定、变压器的经济负荷率计算容量等方法来确定。

4.85 变压器容量的计算

电力变压器容量，可以根据计算负荷来选择，对平稳负荷供电的单台变压器，负荷率一般取 85%。变压器的负荷率计算如下：

式中 S——计算负荷容量，单位为 kVA；

S_e——变压器容量，单位为 kVA；

β——负荷率，一般取 80%~90%。

4.86 充电电流、充电时间与耗电量的计算

充电电流、充电时间与耗电量的计算如下：

电流 = 电量 / 充电时间

耗电量 = 电流 × 电压 × 充电时间
= 电量 × 电压

4.87 功率电流的速算

功率电流速算如下：

三相电动机：2A/kW。

三相电热设备：1.5A/kW。

单相 220V：4.5A/kW。

单相 380V：2.5A/kW。

4.88 墙壁开关参数的计算

墙壁开关的参数一般提供了额定电流、额定电压，例如 10A、250V，则墙壁开关额定功率的计算如下：

额定功率 = 额定电流 × 额定电压

【举例】一墙壁开关的参数为 10A、250V，则该墙壁开关额定功率是多少？

解：$10A × 250V = 2500W$

因此，该墙壁开关额定功率为 2500W。

为此，实际选择中 10A、250V 的墙壁开关使用的电器功率不大于 2500W 即可。

tips：额定电流是在规定环境温度下，电气设备、开关插座长期允许通过的最大工作电流。

最大电流是指在不影响设备、开关插座安全状态下，所能够承受的电流的一个极限值，一般只是允许短时间出现，否则会引起设备、开关插座损坏。

电动机的最大工作电流是电动机可以长时间工作的工作电流，电动机的最大工作电流一般取额定电流，但与电动机的服务系数有关，常见的服务系数有 SF1.1、SF1.15、SF1.2、SF1.25、SF1.3 等。因此一些电动机的最大工作电流估算一般可取额定电流的 1.2 倍左右。

交流电的大小一般用有效值表示，民用电有效值为 220V。220V 是额定电压（或者说是规定的电压）。有效值 220V 对应的最大值如下：

$220 × 1.414 = 311V$

也就是说，民用电额定电压的最大值为 311V，额定电压的有效值为 220V。

4.89 施工跨越时跨越架的长度的计算

施工跨越时跨越架的长度的计算如下：

$$L = (D+3)/\sin\theta$$

式中 L——跨越架应搭设长度；

D——施工线路两边线距离；

θ——施工线路与被跨越物的夹角。

4.90 压铜接线端子数量的计算

为了保证接线可靠、接线方便，在导线的末端可以用专用的压线钳将压铜接线端子与导线相连。一般常用的压铜接线端子有 OT 型、UT 型。

铜端子接线数量的计算技巧如下：

（1）先分出有端子接线、无端子接线。一般 10mm² 以上的接线，可以根据有端子接线的焊接或压接铜线端子来计。一般 10mm² 及以下的接线，可以根据无端子接线来计（有特殊要求的，需要采用线端子例外）。

（2）10mm² 及以下的电缆终端头，没有根据终端头的要求安装，只是剥出线头直接压接线时，不能计电缆头，只能计无端子接线。

（3）凡是配电箱、柜、盘和接线箱、端子箱的进线、出线，一般根据导线的规格、线头数如实来计，以及分无端子、有端子或者压（焊）铜接线端子的相关定额子目。

tips：OT2.5-5 可以接 2.5mm² 的线，螺钉为 5mm。其他型号，可以以此类推。

4.91 避雷针及其保护范围的估算

烟筒避雷针根数的估算如下：

$$N=KH$$

式中 K——系数，具体见表 4-34；

N——避雷针根数；

H——烟筒高度。

避雷针保护范围的估算如下：

$$Y=1.5h$$

表 4-34 烟筒内径与系数的对应

烟筒内径 /m	1~1.5	2~3
K	0.05	0.06

式中 Y——避雷针在地面的保护半径，单位为 m；

h——避雷针的高度，单位为 m。

避雷针其他有关计算见表 4-35。

表 4-35 避雷针其他有关计算

类型	有关计算
已知被保护设备高度 h_x、单只避雷针高度 h，计算避雷针在 h_x 水平面上的保护半径	计算公式（该公式适用于避雷针高度 $h \leq 30m$）如下： $$r_x=1.5h-2h_x$$ 式中 h_x——被保护设备的高度，单位为 m； h——避雷针的高度，单位为 m； r_x——避雷针在 h_x 水平面上的保护半径，单位为 m
已知被保护设备的高度 h_x、避雷针在 h_x 水平面上的保护半径，计算单只避雷针高度	计算公式（该公式适用于避雷针高度 $h \leq 30m$）如下： $$h=(2h_x+r_x)/1.5$$ 式中 h_x——被保护设备的高度，单位为 m； r_x——避雷针在 h_x 水平面上的保护半径，单位为 m； h——避雷针的高度，单位为 m
已知土壤电阻率、设计接地电阻值，计算接地网面积	计算公式如下： $$S=(0.5\rho/R_{jd})^2$$ 式中 ρ——土壤电阻率，单位为 $\Omega \cdot m$； R_{jd}——设计接地电阻值，单位为 Ω； S——接地网面积，单位为 m²

4.92 半球工频接地电阻的计算

与地表齐平的均匀土壤中半球接地电阻的计算如下：

$$R = \frac{\rho}{2\pi r}$$

式中　ρ——土壤电阻率，单位为 $\Omega \cdot m$；

　　　r——半球半径，单位为 m。

半球半径示意图如图 4-4 所示。

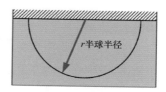

图 4-4　半球半径示意图

4.93 圆盘工频接地电阻的计算

与地面齐平的置于均匀土壤中的圆盘接地电阻的计算如下：

$$R = \frac{\rho\sqrt{\pi}}{4\sqrt{S}} = \frac{\rho}{4r}$$

式中　ρ——土壤电阻率，单位为 $\Omega \cdot m$；

　　　S——圆盘面积，单位为 m^2；

　　　r——圆盘半径或者与接地网圆盘面积 S 等值的圆半径，单位为 m。

4.94 垂直接地极的接地电阻的计算（常用人工接地极工频接地电阻）

$l \gg d$ 时，有：

$$R = \frac{\rho}{2\pi l}\left(\ln \frac{8l}{d} - 1\right)$$

式中　R——垂直接地极的接地电阻，单位为 Ω；

　　　ρ——土壤电阻率，单位为 $\Omega \cdot m$；

　　　l——垂直接地极的长度，单位为 m；

　　　d——接地极用圆钢时，圆钢的直径，单位为 m。用其他形式钢材时，d 等效直径按下式计算。

等边角钢　$d = 0.84b$

不等边角钢　$d = 0.71\sqrt[4]{b_1 b_2\,(b_1^2 + b_2^2)}$

钢管　$d = d_1$

扁钢　$d = \dfrac{b}{2}$

垂直接地极的示意图如图 4-5 所示。

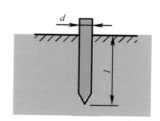

图 4-5　垂直接地极的示意图

几种形式钢材的计算用尺寸如图 4-6 所示。

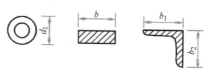

图 4-6　几种形式钢材的计算用尺寸

4.95 不同形状接地体电阻的计算

不同形状接地体电阻的计算如下：

$$R_P = \frac{\rho}{2\pi L}\left(\ln\frac{L^2}{hd}+A\right)$$

R_P——水平接地体的接地电阻，单位为Ω；
L——水平接地体的总长度，单位为m；
A——水平接地体的形状系数；
h——水平接地体的埋深，单位为m；
d——水平接地体的直径，单位为mm，（采用扁钢时$d=\frac{b}{2}$）；
ρ——土壤电阻率，单位为Ω·m；
b——扁钢宽度，单位为m。

水平接地体的形状系数A								
形状	—	L	Y	O	◯	✳	✳	□	✛
A	-0.6	-0.18	0	0.48	3.03	5.65	1	0.89

接地体型式参考的选择	
土壤电阻率/(Ω·m)	采用方式
$\rho \leqslant 3\times10^2$	垂直接地体
$3\times10^2 < \rho \leqslant 5\times10^2$	水平接地体
$\rho > 5\times10^2$	人工处理水平接地体

说明：水平接地体形状系数参见 GB/T 50065—2011。

4.96 建筑物年预计雷击次数的计算

建筑物年预计雷击次数 N_1 计算：

$$N_1 = kN_gA_e \quad (\text{次/年})$$

式中　k——校正系数，在一般情况下取 1；位于河边、湖边、山坡下或山地中土壤电阻率较小处，地下水雾头处、土山顶处、山谷风口等处的建筑物，以及特别潮湿的建筑物取 1.5；位于山顶上或旷野的孤立建筑物取 2；

N_g——建筑物所处地区雷击大地的年平均密度单位为次/(km²·年)；雷击大地的年平均密度，首先按当地气象台、站资料确定；无此资料时，可按下式计算：

$$N_g = 0.1T_d[\text{次/(km²·年)}]$$

式中　T_d——年平均雷暴日，根据当地气象台、站资料确定，单位为天/年；

A_e——与建筑物截收相同雷击次数的等效面积，单位为 km²。与建筑物截收相同雷击次数的等效面积应为其实际平面面积向外扩大后的面积。其计算方法符合下列规定：当建筑物的高度 $H<100\text{m}$ 时，其每边的扩大宽度和等效面积按下列公式计算确定：

$$D = \sqrt{H(200-H)}$$

$$A_e = [LW + 2(L+W)\sqrt{H(200-H)} + \pi H(200-H)]\times10^{-4}$$

式中　D——建筑物每边的扩大宽度，单位为 m；

L、W、H——分别为建筑物的长、宽、高，单位为 m。

建筑的等效面积图解如图 4-7 所示。

建筑物的等效面积

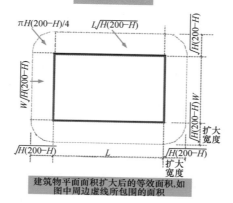

图 4-7　建筑物的等效面积图解

4.97 接地装置冲击接地电阻与工频接地电阻的换算

接地装置冲击接地电阻与工频接地电阻的换算：

$$R_\sim = A R_i$$

式中　$R_\sim$——接地装置各支线的长度取值小于或等于接地体的有效长度 l_e，或有支线大于 l_e 而取其等于 l_e 时的工频接地电阻，单位为 Ω；

　　　R_i——所要求的接地装置冲击接地电阻，单位为 Ω；

　　　A——换算系数，其值宜按图 4-8 所示确定；

接地体的有效长度计算：

$$l_e = 2\sqrt{\rho}$$

式中　l_e——接地体的有效长度，单位为 m；

　　　ρ——敷设接地处的土壤电阻率，单位为 Ω·m。

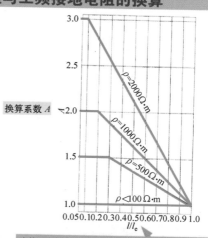

图 4-8　换算系数

接地装置的工频接地电阻简易计算见表 4-36。

表 4-36　接地装置的工频接地电阻（Ω）简易计算

接地装置型式	模塔型式	简易计算
n 根水平放射线敷设接地线 （n ≤ 12，每根长约 60m）	各型杆塔	$R \approx \dfrac{0.062\rho}{n+1.2}$
钢筋混凝土杆的自然接地体	单杆	$R \approx 0.3\rho$
	双杆	$R \approx 0.2\rho$
	拉线杆，双杆	$R \approx 0.1\rho$
	一个拉线盘	$R \approx 0.28\rho$
深埋式与装配式基础自然接地体混合使用	铁塔	$R \approx 0.05\rho$
	门形杆塔	$R \approx 0.03\rho$
	V 形拉线的门形杆塔	$R \approx 0.04\rho$
沿装配式基础周围敷设的深埋式接地体	铁塔	$R \approx 0.07\rho$
	门形杆塔	$R \approx 0.04\rho$
	V 形拉线的门形杆塔	$R \approx 0.045\rho$
装配式基础的自然接地体	铁塔	$R \approx 0.1\rho$
	门形杆塔	$R \approx 0.06\rho$
	V 形拉线的门形杆塔	$R \approx 0.09\rho$

人工接地极工频电阻简易计算见表 4-37。

表 4-37　人工接地极工频电阻简易计算

接地装置型式	简易计算式	说　明
垂直式	$R \approx 0.3\rho$	长度 3m 左右的接地极
单根水平式	$R \approx 0.03\rho$	长度 60m 左右的接地极
复合式 （接地网）	$R \approx 0.5\dfrac{\rho}{\sqrt{S}} = 0.28\dfrac{\rho}{r}$ 或 $R \approx \dfrac{\sqrt{\pi}}{4} \times \dfrac{\rho}{\sqrt{S}} + \dfrac{\rho}{L}$ $R = \dfrac{\rho}{4r} + \dfrac{\rho}{L}$	S 为大于 100m 的闭合接地网的面积，r 为与接地网面积 S 等值的圆的半径，即等效半径，单位为 m；ρ 为土壤电阻率，单位为 Ω·m

接地装置工频接地电阻与冲击接地电阻的比值见表 4-38。

表 4-38　接地装置工频接地电阻与冲击接地电阻的比值

土壤电阻率 / (Ω·m)	≤ 100	500	1000	>2000
工频接地电阻与冲击接地电阻的比值（$R \sim /R_i$）	1.0	1.5	2.0	3.0

注：1. 表中冲击接地电阻与工频接地电阻的换算以及比值关系，适用于引下线接地点至接地体最远端不大于 20m 的情况。

2. 土壤电阻率在两个数值间时，用插入法求得相应的比值。

4.98 提前放电接闪杆保护半径的计算

提前放电接闪杆保护半径的计算图解如图 4-9 所示。

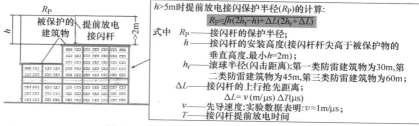

$h>5m$ 时提前放电接闪保护半径 (R_P) 的计算:

$$R_P=\sqrt{h(2h_r-h)}+\Delta L(2h_r+\Delta L)$$

式中　R_P ——接闪杆的保护半径;

h ——接闪杆的安装高度(接闪杆杆尖高于被保护物的垂直高度,最小 $h=2m$);

h_r ——滚球半径(闪击距离):第一类防雷建筑物为30m,第二类防雷建筑物为45m,第三类防雷建筑物为60m;

ΔL ——接闪杆的上行抢先距离;

$\Delta L=v\,(m/\mu s)\,\Delta T(\mu s)$

v ——先导速度;实验数据表明:$v\approx 1m/\mu s$;

T ——接闪杆提前放电时间

图 4-9　提前放电接闪杆保护半径的计算图解

4.99 入户设施年预计雷击次数的计算

入户设施年预计雷击次数的计算图解如图 4-10 所示。

入户设施年预计雷击次数 (N_2):

$$N_2=N_g\cdot A'_e=(0.1T_d)\cdot(A'_{e1}+A'_{e2})(次/年)$$

式中　N_g ——建筑物所处地区雷击大地的年平均密度,单位为次/$(km^2\cdot$年$)$;

T_d ——年平均雷暴日,单位为天/年,根据当地气象台、站资料确定;

A'_{e1} ——电源线缆入户设施的截收面积,单位为 km^2;

A'_{e2} ——信号线缆入户设施的截收面积,单位为 km^2。

线路类型	有效截收面积 A'_e/km^2
低压架空电源电缆	$2000L\times 10^{-6}$
高压架空电源电缆(至现场变电所)	$500L\times 10^{-6}$
低压埋地能源电缆	$2d_sL\times 10^{-6}$
高压埋地电源电缆(至现场变电所)	$0.1d_sL\times 10^{-6}$
架空信号线	$2000L\times 10^{-6}$
埋地信号线	$2d_sL\times 10^{-6}$
无金属铠装或带金属芯线的光纤	0

注: 1.L是线路从所考虑建筑物至网络的第一分支点或相邻建筑的长度,单位为m,最大值为1000m;当L未知时,应采用$L=1000m$。

2.d_s表示当地埋地隐去线缆计算截收面积时的等效宽度,单位为m,其数值等于土壤电阻率;最大值取500。

图 4-10　入户设施年预计雷击次数的计算图解

4.100 入户设施可接受最大年平均雷击次数的计算

直击雷和雷电电磁脉冲引起电子信息系统设备损坏的可接受的最大年平均雷击次数 N_C 的计算:

$$N_C=5.8\times 10^{-1.5}/C$$

式中　C ——各类因子 C_1、C_2、C_3、C_4、C_5、C_6 之和;

C_1 ——为信息系统所在建筑物材料结构因子;

当建筑物屋顶和主体结构均为金属材料时,C_1 取 0.5;

当建筑物屋顶和主体结构均为钢筋混凝土材料时,C_1 取 1.0;

当建筑物为砖混结构时,C_1 取 1.5;

当建筑物为砖木结构时,C_1 取 2.0;

当建筑物为木结构时,C_1 取 2.5;

C_2 ——信息系统重要程度因子

雷电防护等级为 C、D 级的电子信息系统 C_2 取 1.0；

B 级的电子信息系统 C_2 取 2.5；

A 级的电子信息系统 C_2 取 3.0；

C_3——电子信息系统设备耐冲击类型和抗冲击过电压能力因子；

一般，C_3 取 0.5；

较弱，C_3 取 1.0；

相当弱，C_3 取 3.0；

C_4——电子信息系统设备所在雷电防护区（LPZ）的因子；

设备在 LPZ2 等后续雷电防护区内时，C_4 取 0.5；

设备在 LPZ1 区内时，C_4 取 1.0；

设备在 $LPZ0_B$ 区内时，C_4 取 1.5~2.0；

C_5——电子系统发生雷击事故的后果因子；

信息系统业务中断不会产生不良后果时，C_5 取 0.5；

信息系统业务原则上不允许中断，但在中断后无严重后果时，C_5 取 1.0；

信息系统业务不允许中断，中断后会产生严重后果时，C_5 取 1.5~2.0；

C_6——区域雷暴等级因子；

少雷区 C_6 取 0.8；

中雷区 C_6 取 1.0；

多雷区 C_6 取 1.2；

强雷区 C_6 取 1.4。

第 5 章

轻松突破——家装水电技能计算

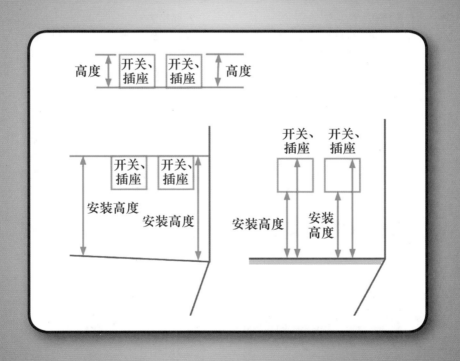

5.1 家装水管用量的估算

家装水管用量的估算如下：

水管用量总数 = 入户总水平管 + 管件 (变径三通和弯头)+ 末端水管

水管用量总数 = 水平水管 + 竖直水管

其中，末端水管用于连接各用水点水龙头等。

不同户型、用水点数量不同，估算的结果有差异，视具体情形而定。

另外，PPR 给水管用量也可以根据现场实际来确定。预算时，一般是估算。估算也可以采用如下估算方法：

(厨房周长 + 卫生间周长) × 2= PPR 给水管用量

经验：平层 2 室 1 卫 1 厅，可以根据总量 60m 分配进下水 (也就是一般进水 50m，下水 10m)。

5.2 家装水管选择的计算

1. 现场法

根据房间的布局、线路布局情况来计算水管材料的需求量：首先根据线径，用尺子量要用管材的总长度。然后，根据一般一根 PPR 管是 4m 来计算所需要的 PPR 管的根数。最后，根据实际情况取 1~3 根余量。

所需 4m 长的 PPR 管的根数 = 根据线径量的总长度 ÷4+（1~3）PPR 管外径，根据实际情况选 25.32 等规格即可。

2. 经验法

根据经验来选择：家装的水管用量，一般为 20~30 根，弯头大概 50 个、直接大概 20 个、内丝大概 15 个、阀门大概 8 个，水龙头大概 6 个。

3. 施工图法

根据施工图水管线路的布局与线路来计算水管材料的需求量：首先根据水管线路图的尺寸与比例来计算管材的总长度。然后，根据一般一根 PPR 管是 4m 来计算所需要的 PPR 管的根数。最后，根据实际情况取 1~3 根余量。

5.3 家装水管计算测量米数

家装水管计算实际测量米数有关 图解如图 5-1 所示。

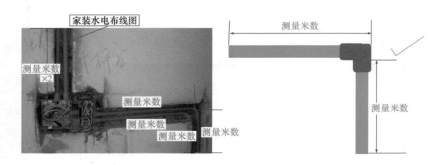

图 5-1 家装水管计算实际测量米数有关图解

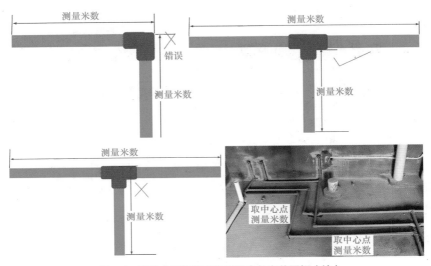

图5-1 家装水管计算实际测量米数有关图解（续）

5.4 PPR 进水管试验计算

PPR 进水管道在隐蔽前必须经压力试验，试验压力均为工作压力的1.5倍，但不得小于0.6MPa，保压15min无渗漏。

【举例】 一家装工程试验压力为0.6MPa，则判断PPR进水管是否合格？

解：观测10min，压力降不应大于0.02MPa，为合格：

0.6MPa-0.02MPa=0.58MPa

也就是，试压10min后，压力为0.58MPa以上属于合格。

然后在试验压力下稳压1h，压力降不得超过0.05MPa，为合格：

0.6MPa-0.05MPa=0.55MPa

也就是，稳压1h后，压力为0.55MPa以上属于合格。

然后在工作压力（假设为0.4MPa）的1.15倍状态下稳压2h，压力降不超过0.03MPa，为合格：

0.4MPa×1.15-0.03MPa=0.43MPa

也就是，该例子工作压力1.15倍压力下稳压2h后，压力为0.43MPa以上属于合格。

tips：同时检查进水管各连接处不得渗漏。

5.5 家装防水砂浆、防水涂料的计算

用防水砂浆地面做防水。普通防水区域需向周围墙面返高0.3m，淋浴区域返高1.8m。如果是装修后的尺寸，则需要加上地面装修层高，计算方法如下：

向周围墙面返高 = 装修后的尺寸 + 地面装修层高

用防水涂料地面做防水。墙面防水上返墙面300mm，淋浴器安装墙面上返1800mm。如果是装修后的尺寸，

则需要加上地面装修层高，计算方法如下：

向周围墙面返高 = 装修后的尺寸 + 地面装修层高

5.6 家装水管费用的估算

家装水管费用的估算如下：

水管用量总数 (m)×
水管价格（元 /m)= 家装水管费用
水管用量总数（根）×
水管价格（元 / 根)= 家装水管费用

家装水管规格尺寸参考见表 5-1。一些家装水管参考价格见表 5-2。

表 5-1　家装水管规格尺寸参考

水管规格尺寸	水管规格尺寸
DN15(4 分管）	DN20(6 分管）
DN25(1 寸管）	DN32(1 寸 2 管）
DN40(1 寸半管）	DN50(2 寸管）
DN65(2 寸半管）	DN80(3 寸管）
DN100(4 寸管）	DN125(5 寸管）

表 5-2　一些家装水管参考价格

水管名称	水管参考价格
DN32*4.4PPR 热水管 PPR 管	13 元 /m
6 分 PPR 热 水 管、DN25*4.2PPR 自来水管家装管	9.5 元 /m
DN25*3.5 热水管 6 分管 PPR 管	6.7 元 /m
XX 牌 DN25*3.5 热水管 PPR 水管	7.48 元 /m
XX 牌 DN25*3.5 热水管 PPR 水管	5.8 元 /m
XX 牌 S2.5 系列 DN20* 3.4PPR 热水管（加厚）	5.8 元 /m

5.7 家装水管 90°弯头用量的估算

PPR 水管 90° 弯头用于连接 PPR 管的直角转弯。家装水管 90° 弯头用量的估算：**一般根据 1：1 与管材配货**。

【举例】 一家装工程水管用量大约 42m，则 90° 弯头大概配多少个？

解：一般根据 1：1 与管材配货得

水管用量大约 42m，90° 弯头大概配 42 个。

5.8 家装水管内螺纹弯头用量的估算

家装 PPR 管内螺纹弯头主要用于连接 PPR 水管，带丝部分一般用于连接龙头等洁具。家装水管内螺纹弯头用量的估算：

家装水管内螺纹弯头用量 = 内螺纹弯头用点数量 + 备用数量

一卫一厨，家装 PPR 管内螺纹弯头常见用点与数量如下：

厨房。洗菜盆 2 个（一个用于冷水、一个用于热水）。一般共 2 个。

卫生间。淋浴 2 个（一个用于冷水、一个用于热水）、洗面盆 2 个（一个用于冷水、一个用于热水）、马桶或蹲便器 1 个（用于冷水）。一般共 5 个。

阳台。热水器 2 个（一个用于冷水、一个用于热水）。一般共 2 个。

洗衣机。洗衣槽 2 个。

拖把池。1 个。

共计 =2+5+2+2+1=12 个

备用：需要根据具体情况来选择。

5.9 家装水管铜球阀用量的估算

家装水管铜球阀用量，一般是一户一个。如果分区域分控，则各分区域各一个，总控一个，共计如下：

分区域分控数量 + 总控一个 = 家装水管铜球阀用量

tips：铜球阀用于控制室内水的开或关。如果主水管为6分管，则选择用6分铜球阀。如果主水管为4分管，则选择用4分铜球阀。截止阀与铜球阀的功能基本一样，一般选择用铜球阀。

5.10 家装水路工程费用的估计

家装水路，一般由材料费（水管 + 配件、耗材费用）、服务费（安装费、特殊服务费等费用）两部分组成。即家装水路工程费用的估计如下：

家装水路工程费用 = 材料费（水管 + 配件、耗材费用）+ 服务费（安装费、特殊服务费等费用）

说明：材料费的计算。清点材料，根据开材料单子。

配件的计算。根据整个管道系统逐一清点计算。

管材（单管）的清点计算。一般根据减法来计算，也就是当时的总数减去完工后的米数，就是所安装的数量，其中包括管材（单管）的正常损耗为不超过实际用量的3%。如果超出该比例，则说明安装工人技术不到位、现场安装过程中线路有变更等。

5.11 家装用电线规格的选择

家装用电线，一般选择 BV 线或 BVR 电线，并且采取2根或3根导线穿在同一 PVC 管内的方式。

家装主导线的截面积，可以根据家庭用电总电流来选择和计算：

（1）家庭用电电流总和为10A以下，选择截面积为 $1.0mm^2$ 的导线。

（2）用电电流总和为 10~14A 间，选择截面积为 $1.5mm^2$ 的导线。

（3）用电电流总和为 14~19A 间，选择截面积为 $2.5mm^2$ 的导线。

（4）用电电流总和为 19~26A 间，选择截面积为 $4.0mm^2$ 的导线。

（5）用电电流总和为 26~34A 间，选择截面积为 $6.0mm^2$ 的导线。

（6）用电电流总和为 34~46A 间，选择截面积为 $10mm^2$ 的导线。

（7）用电电流总和为 46~61A 间，选择截面积为 $16mm^2$ 的导线。

（8）用电电流总和为 61~80A 间，选择截面积为 $25mm^2$ 的导线。

tips：普通的小区家庭家装主导线选择 $6.0mm^2$ 或者 $10mm^2$ 就够了。

家庭支路是指从总开关出线分路后，分别引到饭厅、厨房、客厅、厕所、各卧室的电路。家庭支路的计算与选择与家装主导线的方法相同。

家装用电线规格的选择，需要留有足够的用量，特别是客厅，以免暂时添加一些其他大小电器时，影响使用。另外，大功率电器的电源引线必须从家庭配电箱中直接引出，不允许衔接在家庭其他配电线路中，以免引起短路、火灾等事故。

5.12 家装电线用量的计算

以 $100m^2$ 的房屋面积家装为例，电线用量大致计算如下：

（1）采用铜芯单股线（BV）或铜芯多股软线（BVR）型号规格，中档装修。

（2）$1.5mm^2$ 的线 3~5 卷。

（3）$2.5mm^2$ 的线 4~5 卷。

（4）$4mm^2$ 的线 1~3 卷。

（5）双色地线 2~3 卷。

如果采用铜芯护套线（BVVB 两芯护套线）、中档装修，则需要：

（1）$2 \times 1.5mm^2$ 的线 1 卷。

（2）$2 \times 2.5mm^2$ 的线 2 卷。

（3）$2 \times 4mm^2$ 的线 1 卷。

（4）双色地线 2 卷。

tips：实际用量，需要根据房屋面积的大小及灯具、插座、电器的多少来做相应的调整。

5.13 家装电线能承受多大容量的计算

家装电线能承受多大容量的计算，可以根据功率计算出电流，然后根据相关电线对应的安全电流（载流）来判断即可。

【举例】 一家装工程家用电器总功率为 6kW，则需要选择哪种电线？

解：家用电器电源电压一般为 220V，根据功率 ÷ 电压 = 电流 得

$6000W \div 220V \approx 27A$

根据 $4mm^2$ 铜芯线安全载流量是 25A，$6mm^2$ 铜芯线安全载流量为 32A，因此，选择 $6mm^2$ 铜芯线。

5.14 家装厨房和卫生间电线选择的计算

家庭中的一些电器的功率如下：

（1）电饭锅、微波炉、电水壶功率，可以达到 1kW 以上。

（2）电暖气功率，可以达到 2kW。

（3）一个电饭锅、一个微波炉、一个电水壶、一台彩电、一台冰箱、若干照明、一台洗衣机等，估计总功率大约 4kW。

家装厨房和卫生间的电器，有的需要首先采购，有的可以后面采购。

【举例】 计算一家装工程家用电器功率时，需要加起来，并且预留安全系数。

冰箱 ×1（功率 200W 左右 / 台）

抽油烟机 ×1（功率 400W 左右 / 个）

电磁炉 ×3（功率 1800W 左右 / 台）

计算机 ×3（功率大约 400W/ 台）

电热取暖器 ×4（功率 2000W 左右 / 台）

电视机 ×4（功率 300W 以内 / 台）

即热式热水器 ×2（功率 8 ~ 10kW/ 台）

空调 ×4（有 3 台功率在 2500W 左右，有 1 台功率在 3500W 左右）

微波炉 ×1（功率 2000W 左右 / 台）

消毒碗柜 ×1（功率 400W 左右 / 台）

饮水机 ×1（功率 2000W 左右 / 台）

根据功率计算出电流，然后根据相关电线对应的安全电流（载流）来判断即可。

tips：选择电线时，需要加大保险系数，包括以后可能增加的电器。对于做主导线的电线更要如此。

5.15 家装电线线直径与线平方的换算

电缆大小也用平方来标称，多股线为每根导线截面积之和。

知道家装电线的平方数，需要计算电线半径的计算如下：

电线平方数（平方毫米）= 圆周率 (3.14)× 电线半径（毫米）的平方

【举例】 家装 2.5 平方电线的线直径是多少？

解：$2.5 \div 3.14 \approx 0.8$
$\sqrt{0.8} \approx 0.9mm$
$2 \times 0.9mm = 1.8mm$

因此，家装 2.5 平方电线的线直径约是 1.8mm。

知道家装电线的直径，需要计算电线的平方的计算如下：

电线的平方 = 圆周率（3.14）× 线直径的平方 /4

如果是多股电线，则还需要乘以股数：

电线的平方 = 股数 × 圆周率（3.14）× 线直径的平方 /4

5.16 家装电改造电位的计算

家装电改造电位的参考计算如下：

（1）普通面板开关与一般照明灯合并计算电位。

（2）不移位、不换线，只换面板三位计算一位。

（3）厨房、卫生间排气扇、抽油烟机，每台根据一个电位来计算，设备安装费另计。

（4）电冰箱、微波炉、电烤箱、消毒碗柜、空调、电热水器等大功率电器，从总电箱直接接线的专线（4m²）专控开关或专用插座，每个以两个电位计算。

（5）计算机网络插座、有线电视插座，一个计算两个电位。

（6）调光开关，计算三个电位。

（7）门铃、监控装置改位，一项算四个电位。

（8）配电箱改位，因工作量大，算六个电位。

（9）普通插座以面盒为单元，一个面盒算一个电位。

（10）双控开关，算两个电位。

（11）水晶灯等豪华型吊灯，因安装难度大，风险大，每盏灯以四个电位计算，设备安装费另计。

（12）一个面板上，根据开关位数来计算电位，一个开关一个电位。

（13）一个开关控制的每个回路中最多控制三盏灯，每增加一盏灯，增加一个电位。

5.17 家装用电量的估算

家装用电量的估算，首先需要统计出家庭用电设备耗电的千瓦 (kW) 数，然后根据单相供电 (220V) 来计算。一般家装根据每千瓦的功率对应的电流为 4.5A，从而可以计算出该家装用电的总电流。

家装用电设备，常分为有电动机的家用电器类、无电动机的电热设备类。有电动机的家用电器类包括空调器、洗衣机、吸尘器、电风扇、电冰箱等。无电动机的电热设备类包括电饭煲、电磁炉、电炒锅、白炽灯等。

有电动机的家用电器类用电设备功率因数，一般取 0.8 左右。无电动机的电热设备类用电设备功率因数，一般取 1。

有电动机的家用电器类用电电流的计算如下：

有电动机的家用电器类用电电流 =（电器总千瓦数）/0.8×4.5A

无电动机的家用电器类用电电流的计算如下：

无电动机的电热设备类用电电流 = 设备总千瓦数 ×4.5A

家装用电的总电流的计算如下：

家装用电的总电流 = 有电动机的家用电器类用电电流 + 无电动机的家用电器类用电电流

5.18 家装开关、插座安装高度差的计算

家装同一设计高度的开关、插座，其高度差不得大于 5mm，计算该高度差的方法有许多种，如图 5-2 所示。

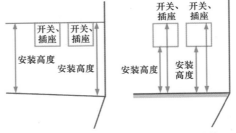

图 5-2 家装开关、插座安装高度差的计算

5.19 家庭电源开关插座的计算

如果家装时没有预留开关插座，随着电器的普及、更新，会发现家里的开关插座不够用。为避免该问题的出现，家装时，需要计算好家庭电源开关插座的数量。

家庭电源开关插座数量的估算如下：

餐厅插座——电冰箱三孔带开关 1 个，餐桌边 1~2 个，预留 2 个。

餐厅开关——照明灯 1 个，装饰灯若干。

厨房插座——抽油烟机三孔带开关 1 个，水台边 1 个，微波炉三孔带开关 1 个，消毒柜三孔带开关 1 个，操作台上 2~3 个（用于小电器），预留 1 个。

厨房开关——照明灯 1 个，操作台灯若干。

客厅插座——电视机 2 个，沙发两侧各 1 个，空调三孔带开关 1 个，预留 2 个。

客厅开关——照明灯 1 个。

书房插座——计算机三孔带开关 1 个，书桌台灯 1 个，空调三孔带开

关 1 个，预留 2 个。

书房开关——照明灯 1 个，装饰灯若干个。

卧室插座——床头两边各 1 个（电话、床头灯），空调三孔带开关 1 个，电视机 2 个，计算机三孔带开关 1 个，

预留 2 个。

卧室开关——照明灯 1 个，装饰灯若干。

玄关——与客厅连接的双控开关 1 个，预留插座 1 个。

5.20 室内插座数量的计算

室内插座数量设置，可以根据面积每 2m² 计 1 组面板（也就是一个开关和一个插座）来计算。

【举例 1】 一家装工程室内面积 120m²，则需要装配开关、插座面板多少？

解：$120m^2 \div 2m^2 = 60$

考虑预留空间，可以室内面积每 1.5m² 计一个面板（也就是一个开关与一个插座）来计算总用量。

【举例 2】 一家装工程室内面积 120m² 的住宅，则开关与插座面板最多可以用到多少个？

解：$120m^2 \div 1.5m^2 = 80$

5.21 家装其他工程量预算方法

家装其他工程量预算方法见表 5-3。

表 5-3　家装其他工程量预算方法

项目	预算方法与公式
水泥、黄砂的用量的计算	水泥、黄砂的用量，一般根据经验来估算： 一厨一卫，水泥用量大约 20 包，黄砂大约 60 包。 一厨两卫，水泥用量大约 30 包，黄砂大约 90 包
电线、电线管的用量的计算	电线、电线管的用量估算如下： 电线管：二室，大约需要 70 根。三室，大约需要 130 根。 电线：二室，需要 700~900m。三室，需要 1200~1500m

第 6 章

轻松突破——店装、公装水电技能计算

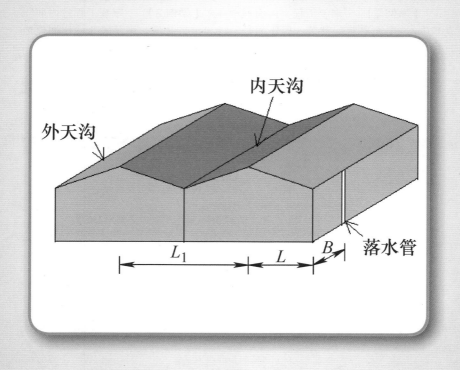

6.1　建筑内部给水系统所需压力的计算

建筑内部给水系统所需压力的计算如图 6-1 所示。

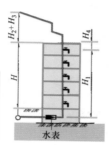

满足建筑内给水系统各配水点单位时间内使用时所需的水量，给水系统的水压就应保证最不利配水点具有足够的流出水头，计算公式如下：

$$H = H_1 + H_2 + H_3 + H_4$$

式中　H——建筑内给水系统所需的水压，单位为 kPa；

H_1——引入管起点至最不利配水点位置高度所要求的静水压，单位为 kPa；

H_2——引入管起点至最不利配水点的给水管路即计算管路的沿程与局部水头损失之和，单位为 kPa；

H_3——水流通过水表时的水头损失，单位为 kPa；

H_4——最不利配水点所需的流出水头，单位为 kPa。

图 6-1　建筑内部给水系统所需压力的计算

其中，配水点流出水头压力要求见表 6-1，也就是上述公式中的 H_4 的数值。

表 6-1　配水点流出水头压力要求

给水配件名称		额定流量 /(L/s)	当量	公称管径 /mm	最低工作压力 /MPa
洗涤盆、拖布盆、盥洗槽	单阀水嘴	0.15~0.20	0.75~1.00	15	0.050
	单阀水嘴	0.30~0.40	1.5~2.00	20	0.050
	混合水嘴	0.15~0.20 (0.14)	0.75~1.00 (0.70)	15	0.050
洗脸盆	单阀水嘴	0.15	0.75	15	0.050
	混合水嘴	0.15(0.10)	0.75(0.5)	15	0.050
小便器	手动或自动自闭式冲洗阀	0.10	0.50	15	0.050
	自动冲洗水箱进水阀	0.10	0.50	15	0.020
小便槽穿孔冲洗管（每米长）		0.05	0.25	15~20	0.015
净身盆冲洗水嘴		0.10(0.07)	0.50(0.35)	15	0.050
医院倒便器		0.20	1.00	15	0.050
实验室化验水嘴（鹅颈）	单联	0.07	0.35	15	0.020
	双联	0.15	0.75	15	0.020
	三联	0.20	1.00	15	0.020
饮水器喷嘴		0.05	0.25	15	0.050

（续）

给水配件名称		额定流量 /(L/s)	当量	公称管径 /mm	最低工作压力 /MPa
洒水栓		0.40	2.00	20	0.050~0.100
		0.70	3.50	25	0.050~0.100
室内地面冲洗水嘴		0.20	1.00	15	0.050
家用洗衣机水嘴		0.20	1.00	15	0.050
洗手盆	单阀水嘴	0.01	0.5	15	0.050
	混合水嘴	0.15(0.10)	0.75(0.5)	15	0.050
浴盆	单阀水嘴	0.20	1.0	15	0.050
	混合水嘴(含带淋浴转换器)	0.24(0.20)	1.2(1.0)	15	0.050~0.070
热浴器	混合阀	0.15(0.10)	0.75(0.5)	15	0.050~0.100
大便器	冲洗水箱浮球阀	0.10	0.50	15	0.020
	延时自闭式冲洗阀	1.20	0.60	25	0.100~0.150

注：1. 家用燃气热水器所需水压，按产品要求和热水供应系统最不利配水点所需工作压力确定。

2. 当浴盆上附设淋浴器时，或混合水嘴有淋浴器转换开关时，其额定流量和当量只计水嘴，不计淋浴器，但水压应按淋浴器计。

3. 卫生器具给水配件所需流出水头，如有特殊要求时其数值应按产品要求确定。

4. 如为充气龙头，其额定流量为表中同类配件额定流量的 0.7 倍。

5. 表中括弧内的数值，系在有热水供应时单独计算冷水或热水时使用。

6.2 建筑内部生活给水量的计算

用水量标准是指每一种不同性质的用水，所给定的耗水量标准。例如每人每天需耗用多少水量 [L/(人·天)] 等。生活用水量标准包括日平均用水量标准、最高日用水量标准。

计算城镇生活用水量时，包含居民生活用水、综合生活用水两种标准。其中，居民生活用水就是指居民日常生活用水。综合生活用水就是指城镇居民日常生活用水、公共建筑用水，但是不包括浇洒道路、绿地与其他市政用水。

日平均用水量、最高日用水量的计算如下：

$$Q_d = mq_d \quad K_h = \frac{Q_h}{Q_p} \quad Q_p = \frac{Q_d}{T}$$

$$Q_h = Q_p K_h$$

式中 Q_d ——最高日用水量，单位为 L/天；

Q_p ——平均小时用水量，单位为 L/h；

Q_h ——最大小时用水量，单位为 L/h；

q_d ——最高日生活用水定额，单位为 L/(人·天)、L/(床·天)或 L/(人·班)；

K_h ——小时变化系数；

m ——用水单位数，人或床位数等，工业企业建筑为每班人数；

T ——建筑物的用水时间，工业企业建筑为每班用水时间，单位为 h。

最大小时用水量就是最高日最大用水时段内的小时用水量。平均每小时用水量就是最高日用水时段内的平均小时用水量。其中，公式中的用水定额、小时变化系数，可以通过速查数据得到。住宅最高日生活用水定额及小时变化系数见表6-2。

表6-2　住宅最高日生活用水定额及小时变化系数

类别		卫生器具设置标准	用水定额 /（L/人·天）	小时变化系数 K_h	使用时间 /h
普通住宅	I	有大便器、洗涤盆	85~150		2.5~3.0
	II	有洗脸盆、洗涤盆、大便器、洗衣机、热水器、沐浴设备	130~300		2.3~2.8
	III	有大便器、洗涤盆、洗衣机、集中热水供应、洗脸盆、沐浴设备	180~320		2.0~2.5
别墅		有大便器、洗衣机、洗脸盆、洗涤盆、洒水栓、家用热水机组、沐浴设备	200~350	1.8~2.3	

注：别墅用水定额中含庭院绿化用水、汽车抹车用水等。当地主管部门对住宅生活用水定额有具体规定时，需要根据当地的规定来执行。

办公建筑饮用水定额及小时变化系数见表6-3。

表6-3　办公建筑饮用水定额及小时变化系数

办公类别	单位	最高日生活用水定额/L	使用时间/h	小时变化系数/K_h
坐班制办公	每人每班	1~2	8~10	1.5
公寓式办公	每人每日	5~7	10~24	1.2~1.5
酒店式办公	每人每日	3~5	24	1.2

办公建筑生活用水定额及小时变化系数见表6-4。

表6-4　办公建筑生活用水定额及小时变化系数

办公类别	单位	最高日生活用水定额/L	使用时间/h	小时变化系数/K_h
坐班制办公	每人每班	30~50	8~10	1.2~1.5
公寓式办公	每人每日	130~300	10~24	1.8~2.5
酒店式办公	每人每日	250~400	24	2.0

酒店、宾馆与招待所生活用水定额及小时变化系数见表6-5。

表6-5　酒店、宾馆与招待所生活用水定额及小时变化系数

类别	名　　称	单位	最高日生活用水定额/L	使用时间/h	小时变化系数 K_h
培训中心、招待所、普通旅馆	设公用盥洗室	每人每日	50~100	24	2.5~3.0
	设公用盥洗室、淋浴室、	每人每日	80~130		
	设公用盥洗室、淋浴室、洗衣室	每人每日	100~150		
	设单独卫生间、公用洗衣室	每人每日	120~200		

（续）

类别	名　　称	单位	最高日生活用水定额 /L	使用时间 /h	小时变化系数 K_h
酒店式公寓	酒店式公寓	每人每日	200~300	24	2.0~2.5
宾馆客房	旅客 员工	每床位每日 每人每日	250~400 80~100	24	2.0~2.5

注：空调用水一般需要另计。

6.3　住宅给水管道设计秒流量

建筑内的生活用水量在一昼夜、1h 里都是不均匀的。为了保证用水，生活给水管道的设计流量，需要根据建筑内卫生器具最不利情况组合出流时的最大瞬时流量来计算，也就是根据设计秒流量来计算。

当前我国使用的商场、办公楼、住宅给水管道设计秒流量，计算公式如下：

$$q_g = 0.2U_0N_g$$

其中　q_g ——计算管段的设计秒流量，单位为 L/s；

U_0 ——计算管段的卫生器具给水当量同时出流概率，单位为 %；

N_g ——每户设置的卫生器具给水当量数；

0.2 ——一个卫生器具给水当量的额定流量，单位为 L/s。

给水当量以污水盆用的为例，一般球形阀配水龙头在流出水头 2.0m，全开流量为 0.2L/s 作为一个给水当量。

当计算管段的卫生器具给水当量总数超过 q_g 计算值时，其流量一般需要取最大用水时的平均秒流量。

有两条或两条以上具有不同给水当量平均出流概率的给水支管的给水干管时，该管段的平均出流概率需要取加权平均值，计算如下：

$$\overline{U}_0 = \frac{\sum U_{0i}N_{gi}}{\sum N_{gi}}$$

式中　$\overline{U}_0$ ——给水干管的卫生器具给水当量平均出流概率；

N_{gi} ——相应支管的卫生器具给水当量总数；

U_{0i} ——支管的最大用水时卫生器具平均出流概率。

住宅生活给水管道最大用水时卫生器具给水当量平均出流概率的计算公式如下：

$$U_0 = \frac{q_0 m K_h}{0.2N_g T 3600}$$

式中　q_0 ——最高用水日用水定额；

U_0 ——生活给水管道最大用水时卫生器具给水当量平均出流概率 %；

K_h ——小时变化系数；

T ——用水时数，单位为 h；

0.2 ——一个卫生器具给水当量的额定流量，单位为 L/s；

m ——计算管段用水人数；

N_g ——计算管段卫生器具的给水当量数。

计算管段卫生器具给水当量同时出流概率的计算公式如下：

$$U_0 = \frac{1+\alpha_c(N_g-1)^{0.49}}{\sqrt{N_g}}$$

式中　U_0——计算管段卫生器具给水当量同时出流概率，单位为%；

α_c——对应于不同 U_0 的系数，计算公式：

$$\alpha_c = \frac{U_0\left(\dfrac{200}{U_0}\right)^{0.5}-1}{\left(\dfrac{200}{U_0}-1\right)^{0.49}}$$

式中　N_g——计算管段卫生器具的给水当量数。

$U_0 \sim \alpha_c$ 值对应见表 6-6。

给水管段设计秒流量计算表见表 6-7~表 6-9。

表 6-6　$U_0 \sim \alpha_c$ 值对应

U_0(%)	α_c
1.0	0.00323
1.5	0.00697
2.0	0.01097
2.5	0.01512
3.0	0.01939
3.5	0.02374
4.0	0.02816
4.5	0.03263
5.0	0.03715
6.0	0.04629
7.0	0.05555
8.0	0.06489

表 6-7　给水管段设计秒流量计算表 [U_0(%)；q(L/s)]

U_0	1.0		1.5		2.0		2.5	
N_g	U_0	q	U_0	q	U_0	q	U_0	q
1	100.00	0.20	100.00	0.20	100.00	0.20	100.00	0.20
2	70.94	0.28	71.20	0.28	71.49	0.29	71.78	0.29
3	58.00	0.35	58.30	0.35	58.62	0.35	58.96	0.35
4	50.28	0.40	50.60	0.40	50.94	0.41	51.32	0.41
5	45.01	0.45	45.34	0.45	45.69	0.46	46.06	0.46
6	41.10	0.49	41.45	0.50	41.81	0.50	42.18	0.51
7	38.09	0.53	38.43	0.54	38.79	0.54	39.17	0.55
8	36.65	0.57	35.99	0.58	36.36	0.58	36.74	0.59
9	33.63	0.61	33.98	0.61	34.35	0.62	34.73	0.63
10	31.92	0.64	32.27	0.65	32.64	0.65	33.03	0.66
11	30.45	0.67	30.8	0.68	31.17	0.69	31.56	0.69
12	29.17	0.70	29.52	0.71	29.89	0.72	30.28	0.73
13	28.04	0.73	28.39	0.74	28.76	0.78	28.15	0.79
14	27.03	0.76	27.38	0.77	27.76	0.78	28.15	0.79
15	26.12	0.78	26.48	0.79	26.85	0.81	27.24	0.82
16	25.30	0.81	25.66	0.82	26.03	0.83	26.42	0.85
17	24.56	0.83	24.91	0.85	25.29	0.86	25.68	0.87

（续）

N_g	1.0 U_0	1.0 q	1.5 U_0	1.5 q	2.0 U_0	2.0 q	2.5 U_0	2.5 q
18	23.88	0.86	24.23	0.87	24.61	0.89	25.00	0.90
19	23.25	0.88	23.60	0.90	23.98	0.91	24.37	0.93
20	22.67	0.91	23.02	0.92	23.40	0.94	23.79	0.95
22	21.63	0.95	21.98	0.97	22.36	0.98	22.75	1.00
24	20.72	0.99	21.07	1.01	21.45	1.03	21.85	1.05
26	19.92	1.04	21.27	1.05	20.65	1.07	21.05	1.09
28	19.21	1.08	19.56	1.10	19.94	1.12	20.33	1.14
30	18.56	1.11	18.92	1.14	19.30	1.16	19.69	1.18
32	17.99	1.15	18.34	1.17	18.72	1.20	19.12	1.22
34	17.46	1.19	17.81	1.21	18.19	1.24	18.59	1.26
36	16.97	1.22	17.33	1.25	17.71	1.28	18.11	1.30
38	16.53	1.26	16.89	1.28	17.27	1.31	17.66	1.34
40	16.12	1.29	16.48	1.32	16.86	1.35	17.25	1.38
42	15.74	1.32	16.09	1.35	16.47	1.38	16.87	1.42
44	15.38	1.35	15.74	1.39	16.12	1.42	16.52	1.45
46	15.05	1.38	15.41	1.42	15.79	1.45	16.18	1.49
48	14.74	1.42	15.10	1.45	15.48	1.49	15.87	1.52
50	14.45	1.45	14.81	1.48	15.19	1.52	15.58	1.56
55	13.79	1.52	14.15	1.56	14.53	1.60	14.92	1.64
60	13.22	1.59	13.57	1.63	13.95	1.67	14.35	1.72
65	12.71	1.65	13.07	1.70	13.45	1.75	13.84	1.80
70	12.26	1.72	12.62	1.77	13.00	1.82	13.39	1.87
75	11.85	1.78	12.21	1.83	12.59	1.89	12.99	1.95
80	11.49	1.84	11.84	1.89	12.22	1.96	12.62	2.02
85	11.05	1.90	11.51	1.96	11.89	2.02	12.28	2.09
90	10.85	1.95	11.20	2.02	11.58	0.09	11.98	2.16
95	10.57	2.01	10.92	2.08	11.30	2.15	11.70	2.22
100	10.31	2.06	10.66	2.13	11.05	2.21	11.44	2.29
110	9.84	2.17	10.20	2.24	10.58	2.33	10.97	2.41
120	9.44	2.26	9.79	2.35	10.17	2.44	10.56	2.54
130	9.08	2.36	9.43	2.45	9.81	2.55	10.21	2.65
140	8.76	2.45	9.11	2.55	9.49	2.66	9.89	2.77
150	8.47	2.54	8.83	2.65	9.20	2.76	9.60	2.88
160	8.21	2.63	8.57	2.74	8.94	2.86	9.34	2.99

（续）

N_g	U_0 1.0		1.5		2.0		2.5	
	U_0	q	U_0	q	U_0	q	U_0	q
170	7.98	2.71	8.33	2.83	8.71	2.96	9.10	3.09
180	7.76	2.79	8.11	2.92	8.49	3.06	8.89	3.20
190	7.56	2.87	7.91	3.01	8.29	3.15	8.69	3.30
200	7.38	2.95	7.73	3.09	7.11	3.24	8.50	3.40
220	7.05	3.10	7.40	3.26	7.78	3.42	8.17	3.60
240	6.76	3.25	7.11	3.41	7.49	3.60	6.88	3.78
260	6.51	3.28	6.86	3.57	7.24	3.76	6.63	3.97
280	6.28	3.52	6.63	3.72	7.01	3.93	6.40	4.15
300	6.08	3.65	6.43	3.86	6.81	4.08	6.20	4.32
320	5.89	3.77	6.25	4.00	6.62	4.24	6.02	4.49
340	5.73	3.89	6.08	4.13	6.46	4.39	6.85	4.66
360	5.57	4.01	5.93	4.27	6.30	5.54	6.69	4.82
380	5.43	4.13	5.79	4.40	6.16	4.68	6.55	4.98
400	5.30	4.24	5.66	4.52	6.03	4.83	6.42	5.14
420	5.18	4.35	5.54	4.65	5.91	4.96	6.30	5.29
440	5.07	4.46	5.42	4.77	5.80	5.10	6.19	5.45
460	4.97	4.57	5.32	4.89	5.69	5.24	6.08	5.60
480	4.87	4.67	5.22	5.01	5.59	5.37	5.98	5.75
500	4.78	4.78	5.13	5.13	5.50	5.50	5.89	5.89
550	4.57	5.02	4.92	5.41	5.29	5.82	5.68	6.25
600	4.39	5.26	4.74	5.68	5.11	6.13	5.50	6.60
650	4.23	5.49	4.58	5.95	4.95	6.43	5.34	6.94
700	4.08	5.72	4.43	6.20	4.81	6.73	5.19	7.27
750	3.95	2.93	4.30	6.46	4.68	7.02	4.07	7.60
800	3.84	6.14	4.19	6.70	4.56	7.30	4.95	7.92
850	3.73	6.34	4.08	6.94	4.45	7.57	4.84	8.23
900	3.64	6.54	3.98	7.17	4.36	7.84	4.75	8.54
950	3.55	6.74	3.90	7.40	4.27	8.11	4.66	8.85
1000	3.46	6.93	3.81	7.63	4.19	8.37	4.57	9.15
1100	3.32	7.30	3.66	8.06	4.04	8.88	4.42	9.73
1200	3.09	7.65	3.54	8.46	3.91	9.38	4.29	10.31
1300	3.07	7.99	3.42	8.90	3.79	9.86	4.18	10.87
1400	2.97	8.33	3.32	9.30	3.69	10.34	4.08	11.42
1500	2.88	8.65	3.23	9.69	3.60	10.80	3.99	11.96

表 6-8　给水管段设计秒流量计算表 $[U_0:(\%)\ ;q(L/s)]$

U_0	3.0		3.5		4.0		4.5	
N_g	U_0	q	U_0	q	U_0	q	U_0	q
1	100.00	0.20	100.00	0.20	100.00	0.20	100.00	0.20
2	72.08	0.29	72.39	0.29	72.70	0.29	73.02	0.29
3	59.31	0.36	59.66	0.36	60.02	0.36	60.38	0.36
4	51.66	0.41	52.03	0.42	52.41	0.42	52.80	0.42
5	46.43	0.46	46.82	0.47	47.21	0.47	47.60	0.48
6	42.57	0.51	42.96	0.52	43.35	0.52	43.76	0.53
7	39.56	0.55	39.96	0.56	40.36	0.57	40.76	0.57
8	37.13	0.59	37.53	0.60	37.94	0.61	38.35	0.61
9	35.12	0.63	35.53	0.64	35.93	0.65	36.35	0.65
10	33.42	0.67	33.83	0.68	34.24	0.68	34.65	0.69
11	31.96	0.70	32.36	0.71	32.77	0.72	33.19	0.73
12	30.68	0.74	31.09	0.75	31.50	0.76	31.92	0.77
13	29.55	0.77	29.96	0.78	30.37	0.79	30.79	0.80
14	28.55	0.80	28.96	0.81	29.37	0.82	29.79	0.83
15	27.64	0.83	28.05	0.84	28.47	0.85	28.89	0.87
16	26.83	0.86	27.24	0.87	27.65	0.88	28.08	0.90
17	26.08	0.89	26.49	0.90	26.91	0.91	27.33	0.93
18	25.4	0.91	25.81	0.93	26.23	0.94	26.65	0.96
19	24.77	0.94	25.19	0.96	25.60	0.97	26.03	0.99
20	24.2	0.97	24.61	0.98	25.03	1.00	25.45	1.02
22	23.16	1.02	23.57	1.04	23.99	1.06	24.41	1.07
24	22.25	1.07	22.66	1.09	23.08	1.11	23.51	1.13
26	21.45	1.12	21.87	1.14	22.09	1.16	22.71	1.18
28	20.74	1.16	21.15	1.18	21.57	1.12	22.00	1.23
30	21.10	1.21	20.51	1.23	20.93	1.26	21.36	1.28
32	19.52	1.25	19.94	1.28	20.36	1.30	20.78	1.33
34	18.99	1.29	19.41	1.32	19.83	1.35	20.25	1.38
36	18.51	1.33	18.93	1.36	19.35	1.39	19.77	1.42
38	18.07	1.37	18.48	1.40	18.90	1.44	19.33	1.47
40	17.66	1.41	18.07	1.45	18.49	1.48	18.92	1.51
42	17.28	1.45	17.69	1.49	18.11	1.52	18.54	1.56
44	16.92	1.49	17.34	1.53	17.76	1.56	18.18	1.60
46	16.59	1.53	17.00	1.56	17.43	1.60	17.85	1.64
48	16.28	1.56	16.69	1.60	17.11	1.54	17.54	1.68

（续）

N_g	U_0 3.0	q	U_0 3.5	q	U_0 4.0	q	U_0 4.5	q
50	15.99	1.60	16.40	1.64	16.82	1.68	17.25	1.73
55	15.33	1.69	15.74	1.73	16.17	1.78	16.59	1.82
60	14.76	1.77	15.17	1.82	15.59	1.87	16.02	1.92
65	14.25	1.85	14.66	1.91	15.08	1.96	15.51	2.02
70	13.80	1.93	14.21	1.99	14.63	2.05	15.06	2.11
75	13.39	2.01	13.81	2.07	14.23	2.13	14.65	2.20
80	13.02	2.08	13.44	2.15	13.86	2.22	14.28	2.29
85	12.69	2.16	13.10	2.23	13.52	2.30	13.95	2.37
90	12.38	2.23	12.80	2.30	13.22	2.38	13.64	2.46
95	12.10	2.30	12.52	2.38	12.94	2.46	13.36	2.54
100	11.84	2.37	12.26	2.45	12.68	2.54	13.10	2.62
110	11.38	2.50	11.79	2.59	12.21	2.69	12.63	2.78
120	10.97	2.63	11.38	2.73	11.80	2.83	12.23	2.93

表 6-9　给水管段设计秒流量计算表 $[U_0:(\%)；q(L/s)]$

N_g	U_0 5.0	q	U_0 6.0	q	U_0 7.0	q	U_0 8.0	q
1	100.00	0.20	100.00	0.20	100.00	0.20	100.00	0.20
2	73.33	0.29	73.98	0.30	74.64	0.30	75.30	0.30
3	60.75	0.36	61.49	0.37	62.24	0.37	63.00	0.38
4	53.18	0.43	53.97	0.43	54.76	0.44	55.56	0.44
5	48.00	0.48	48.80	0.49	49.62	0.50	50.45	0.50
6	44.16	0.53	44.98	0.54	45.81	0.55	46.65	0.56
7	41.17	0.58	42.01	0.59	42.85	0.60	43.70	0.61
8	38.76	0.62	39.60	0.63	40.45	0.65	41.31	0.66
9	36.76	0.66	37.61	0.68	38.46	0.69	39.33	0.71
10	35.07	0.70	35.92	0.72	36.78	0.74	37.65	0.75
11	33.61	0.74	34.46	0.76	35.33	0.78	36.20	0.80
12	32.34	0.78	33.19	0.80	34.06	0.82	34.93	0.84
13	31.22	0.81	32.07	0.83	32.94	0.96	33.82	0.88
14	30.22	0.85	31.07	0.87	31.94	0.89	33.82	0.92
15	29.32	0.88	31.18	0.91	31.05	0.93	31.93	0.96
16	28.50	0.91	29.36	0.94	30.23	0.97	31.12	1.00
17	27.76	0.94	28.62	0.97	29.50	1.00	30.38	1.03

（续）

N_g	5.0		6.0		7.0		8.0	
	U_0	q	U_0	q	U_0	q	U_0	q
18	27.08	0.97	27.94	1.01	28.82	1.04	29.70	1.07
19	26.45	1.01	27.32	1.04	28.19	1.07	29.08	1.10
20	25.88	1.04	26.74	1.07	27.62	1.10	28.50	1.14
22	24.84	1.09	25.71	1.13	26.58	1.17	27.47	1.21
24	23.94	1.15	24.80	1.19	26.68	1.23	26.57	1.28
26	23.14	1.20	24.01	1.25	24.98	1.29	25.77	1.34
28	22.43	1.26	23.30	1.30	24.18	1.35	25.06	1.40
30	21.79	1.31	22.66	1.36	23.54	1.41	24.43	1.47
32	21.21	1.36	22.08	1.41	22.96	1.47	23.85	1.53

6.4 宾馆等给水管道设计秒流量

宾馆、旅馆、酒店式公寓、客运站、航站楼、疗养院、养老院、办公楼、宿舍（Ⅰ、Ⅱ类）、医院、幼儿园、商场、图书馆、书店、会展中心、中小学教学楼、公共厕所等建筑的生活给水设计秒流量，可以根据下式来计算：

$$q_g=0.2\alpha\sqrt{N_g}$$

式中 q_g——计算管段的给水设计秒流量，单位为 L/s；

N_g——计算管段的卫生器具给水当量总数；

α——根据建筑物用途而定的系数，可以根据表 6-10 来选择。

如果计算值大于该管段上的根据卫生器具给水额定流量累加所得的流量值时，则需要根据卫生器具给水额定流量累加所得流量值来选择。

如果计算值小于该管段上一个最大卫生器具给水额定流量时，则需要选择一个最大的卫生器具给水额定流量作为设计秒流量。

表 6-10　根据建筑物用途而定的
系数值（α 值）

建筑物	α 值
办公楼、商场	1.5
会展中心、航站楼、客运站、公共厕所	3.0
酒店式公寓	2.2
门诊部、诊疗所	1.4
书店	1.7
图书馆	1.6
学校	1.8
医院、疗养院、休养所	2.0
幼儿园、托儿所、养老院	1.2
招待所、旅馆、宾馆、宿舍（Ⅰ、Ⅱ类）	2.5

有大便器延时自闭式冲洗阀的给水管段，大便器延时自闭式冲洗阀的给水当量一般均以 0.5 来计算，并且计算得到的 q_g 外加 1.10L/s 的流量后，为该管段的给水设计秒流量。

6.5 公共浴室等给水管道设计秒流量

工业企业的生活间、公共浴室、宿舍（Ⅲ、Ⅳ类）、职工食堂或营业餐馆的厨房、体育场馆、剧院、普通理化实验室等建筑的生活给水管道的设计秒流量，可以根据下式来计算：

$$q_g = \sum q_o N_o b$$

式中　q_g——计算管段的给水设计秒流量，单位为 L/s；

　　　q_o——同类型的一个卫生器具给水额定流量，单位为 L/s；

　　　N_o——同类型卫生器具数；

　　　b——卫生器具的同时给水百分数，可以根据表 6-11～表 6-13 来选择。

表 6-11　公共浴室、影剧院、体育场馆、宿舍（Ⅲ、Ⅳ类）、工业企业生活间等卫生器具同时给水百分数

卫生器具名称	工业企业生活间（％）	公共浴室（％）	影剧院（％）	体育场馆（％）	宿舍（Ⅲ、Ⅳ类）（％）
大便槽自动冲洗水箱	100	—	100	100	100
大便器冲洗水箱	30	20	50（20）	70（20）	70
大便器自闭式冲洗阀	2	2	10（2）	15（2）	2
净身盆	33	—	—	—	—
无间隔淋浴器	100	100	—	100	100
洗涤盆（池）	33	15	15	15	30
洗手盆	50	50	50	70（50）	—
小便器（槽）自动冲洗水箱	100	100	100	100	—
小便器自闭式冲洗阀	10	10	50（10）	70（10）	10
小卖部洗涤盆	—	50	50	50	—
饮水器	30～60	30	30	30	—
有间隔淋浴器	80	60～80	（60～80）	（60～100）	80
浴盆	—	50	—	—	—

注：1. 健身中心的卫生间，可以采用本表体育场馆运动员休息室的同时给水百分数。

　　2. 表中括号内的数值系剧院的化妆间、电影院、体育场馆的运动员休息室使用。

表 6-12　职工食堂、营业餐馆厨房设备同时给水百分数

厨房设备名称	同时给水百分数（％）
开水器	50
器皿洗涤机	90
生产性洗涤机	40
污水盆（池）	50
洗涤盆（池）	70
灶台水嘴	30
蒸汽发生器	100
煮锅	60

注：职工、学生食堂的洗碗台水嘴，一般根据 100％ 同时给水，但是不与厨房用水叠加。

表 6-13　实验室化验水嘴同时给水百分数

化验水嘴名称	科研教学实验室同时给水百分数（%）	生产实验室同时给水百分数（%）
单联化验水嘴	20	30
双联或三联化验水嘴	30	50

如果计算值小于该管段上一个最大卫生器具给水额定流量时，一般需要采用一个最大的卫生器具给水额定流量作为设计秒流量。大便器自闭式冲洗阀，一般需要单列计算，当单列计算值小于 1.2L/s 时，则以 1.2L/s 来计算；当大于 1.2L/s 时，则以计算值来计算。

6.6　给水管道的沿程水头损失的计算

管道单位长度水头损失，可以根据下式来计算：

$$i=105C_h^{-1.85}d_j^{-4.87}q_g^{1.85}$$

式中　i——管道单位长度水头损失，单位为 kPa/m；

　　　d_j——管道计算内径，单位为 m；

　　　q_g——给水设计流量，单位为 m^3/s；

　　　C_h——海澄 - 威廉系数。普通钢管、铸铁管系数 C_h=100；铜管、不锈钢管系数 C_h=130；内衬水泥、树脂的铸铁管系数 C_h=130；各种塑料管、内衬（涂）塑管系数 C_h=140。

管道沿程水头损失的计算如下：

管道单位长度的水头损失 (kPa/m)

管道的沿程水头损失 (kPa)

$$h_i=iL$$

计算管段长度(m)

6.7　生活给水管道的配水管局部水头损失的计算

生活给水管道的配水管的局部水头损失，一般根据管道的连接方式，采用管（配）件当量长度法来计算。当管道的管（配）件当量长度资料不足时，可以根据下列管件的连接状况，根据管网的沿程水头损失的百分数取值来计算：

（1）管（配）件内径略小于管道内径，管（配）件的插口插入管口内连接，如果采用三通分水时，可以取 70%~80%。如果采用分水器分水时，可以取 35%~40%。

（2）管（配）件内径略大于管道内径，如果采用三通分水时，可以取 50%~60%。如果采用分水器分水时，可以取 30%~35%。

（3）管（配）件内径与管道内径一致，如果采用三通分水时，可以取 25%~30%。如果采用分水器分水时，可以取 15%~20%。

管网局部水头损失的计算如下：

$$h_i=\sum \xi \frac{v^2}{2g}$$

给水管道局部水头损失估算如下：

（1）消火栓系统给水管网为 10%。

（2）自动喷水灭火系统消防管网为20%。

（3）生活给水管网为25%~30%。

（4）生产、消防合用管网为15%。

6.8 水表水头损失的计算

水表水头损失的计算如下：

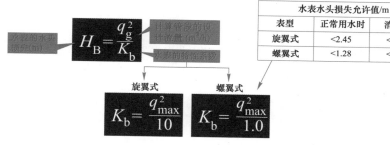

水表水头损失允许值/m		
表型	正常用水时	消防时
旋翼式	<2.45	<4.6
螺翼式	<1.28	<2.9

式中 q_{max}——各类水表的最大流量，单位为 m³/h。

水表的常见特性参数如下：

常用流量（公称流量）——水表长期使用的流量。

过载流量（最大流量）——水表使用的上限流量，只允许短时间使用的流量。

始动流量——水表开始连续指示时的流量。

最小流量——水表在规定误差限内使用的流量。

一些水表的技术参数见表6-14。

表 6-14 一些水表的技术参数

水表型号	公称口径/mm	计量等级	最大流量	公称流量	分界流量	最小流量	最小读数	最大读数
			/(m³/h)				/m³	
LXL-100N	100	A	120	60	18	4.8	0.01	999 999
LXS-32C	32	A	12	6	0.60	0.18	0.0001	999 9
LXS-20C	20	A	5	2.5	0.25	0.075	0.0001	9999

选择水表的技巧如下

选型——需要考虑水表的工作环境、水温、工作压力、计量范围、水质等。

水表的型号及口径——根据通过水表的设计秒流量≤水表常用（公称）流量，来确定型号、口径。通过计算、校核水表水头损失是否小于允许值，如果不满足，则需要放大口径重新选择水表。

【举例】 一装修工程给水工程，需要安装分表、全楼总表。结果计算，分表通过水表的流量 q_g=1.53m³/h，全楼总表通过的设计流量为 Q_g=28.9m³/h，则怎样选择分表、总水表？

解：

（1）分表的选择与计算

首先查相关表，得到 q_g=1.53m³/h，则可以选择 LXS-20C 旋翼式水表，常

用流量为 2.5m³/h，最大（过载）流量为 5m³/h，则有

$$K_b = \frac{q_{max}^2}{10} = \frac{5^2}{10} = 2.5$$

$$H_B = \frac{q_g^2}{K_b} = \frac{1.53^2}{2.5} = 0.936m$$

0.936m<2.45m（其中，2.45m 为旋翼式水表水头损失允许值），满足要求，因此，分户表选可以选择 LXS-20C 旋翼式水表。

（2）总水表选择与计算

首先查相关表，得到 Q_g=28.9m³/h，

则可以选择 LXS-80N 螺翼式水表，常用流量为40m³/h，最大（过载）流量为 80m³/h，则有

$$K_b = \frac{q_{max}^2}{1.0} = \frac{80^2}{1.0} = 80^2 = 6400$$

$$H_B = \frac{Q_g^2}{K_b} = \frac{28.9^2}{80^2} = 0.13m$$

0.13m<1.28m（其中，1.28m 为螺翼式水表水头损失允许值），满足要求，因此，总表可以选择 LXS-80N 螺翼式水表。

6.9 生活给水系统气压水罐的调节容积与总容积的计算

生活给水系统采用气压给水设备供水时，需要符合的一些规定如下：

（1）水泵（或泵组）的流量（以气压水罐内的平均压力计，其对应的水泵扬程的流量），不应小于给水系统最大小时用水量的 1.2 倍。

（2）气压水罐内的最高工作压力，不得使管网最大水压处配水点的水压大于 0.55MPa。

（3）气压水罐内的最低工作压力，需要满足管网最不利处的配水点所需要的水压。

气压水罐的调节容积的计算如下：

$$V_{q2} = \frac{\alpha_a q_b}{4n_q}$$

式中　V_{q2} ——气压水罐的调节容积，单位为 m³；

q_b ——水泵（或泵组）的出流量，单位为 m³/h；

α_a ——安全系数，宜取 1.0~1.3；

n_q ——水泵在 1h 内的起动次数，宜采用（6~8）次。

气压水罐的总容积的计算如下：

$$V_q = \frac{\beta V_{q1}}{1 - \alpha_b}$$

式中　V_q ——气压水罐总容积，单位为 m³；

V_{q1} ——气压水罐的水容积，单位为 m³，应不小于调节容积；

α_b ——气压水罐内的工作压力比（以绝对压力计），宜采用 0.65~0.85；

β ——气压水罐的容积系数，隔膜式气压水罐取 1.05。

6.10 给水管网水力的计算

给水管网水力的计算主要步骤如下：

（1）首先需要确定给水方案。

（2）然后绘制平面图、轴侧图。

（3）再选择最不利管段，节点编

号，从最不利点开始，对流量有变化的节点编号。

（4）选定设计秒流量公式，以及计算各管段的设计秒流量。

（5）然后求定管径。

秒流量的计算公式与管径的计算公式如下：

$$q_g = \frac{\pi}{4}d^2v$$

$$d = \sqrt{\frac{4q_g}{\pi v}}$$

根据计算管段上的卫生器具给水当量同时出流概率，计算管段的设计秒流量，计算如下：

$$q_g = 0.2U_0N_g$$

根据生活给水系统水力计算表查 q_g，见表6-15。

公称直径与水流速度见表6-16。

表 6-15　管径与设计秒流量

计算管段编号	卫生器具名称				当量总数 N	卫生器具给水当量同时出流概率 U_0(%)	设计秒流量 q_g/(L/s)	管径 /(mm)	流速 v/(m/s)	单位管长水头损失 i/(kPa/m)	管长 L/(m)	水头损失 l/(kPa)
	n/N= 数量 / 当量											
	低水箱	浴盆	洗脸盆	厨房洗涤盆								
0~1	1/0.5				0.5	—	0.1	15	0.50	0.28	0.9	0.25
1~2	1/0.5	1/1			1.5	83.55	0.25	20	0.65	0.31	0.9	0.28
2~3	1/0.5	1/1	1/0.8		2.3	68.38	0.31	20	0.80	0.45	4.0	1.80
3~4	2/0.5	2/1	2/0.8		4.6	49.48	0.46	25	0.70	0.23	3.0	0.69
4~5	3/0.5	3/1	3/0.8		6.9	41.03	0.57	25	0.85	0.33	3.0	0.99
5~6	4/0.5	4/1	4/0.8		9.2	35.99	0.66	25	0.98	0.44	0.9	0.32
6~7	5/0.5	5/1	5/0.8		11.5	32.53	0.75	32	0.75	0.21	1.7	0.36
7~8	5/0.5	5/1	5/0.8	5/0.7	15	28.89	0.87	32	0.83	0.25	6	1.50
8~9	10/0.5	10/1	10/0.8	10/0.7	30	21.36	1.28	40	0.75	0.15	4	0.60

表 6-16　公称直径与水流速度

公称直径 /mm	15~20	25~40	50~70	≥ 80
水流速度 / (m/s)	≤ 1.0	≤ 1.2	≤ 1.5	≤ 1.8

6.11　住宅等生活排水管道设计秒流量

为了保证最不利时刻的最大排水量，能够迅速、安全地排放。因此，某管段的排水设计流量应为该管段的瞬时最大排水流量，也就是排水设计秒流量。

住宅、宿舍（Ⅰ、Ⅱ类）、幼儿园、办公楼、商场、图书馆、书店、旅馆、宾馆、酒店式公寓、医院、疗养院、养老院、客运中心、航站楼、会展中心、中小学教学楼、食堂或营业餐厅等建筑生活排水管道设计秒流量，可以根据下式来计算：

$$q_p = 0.12\alpha\sqrt{N_p} + q_{max}$$

式中　q_p——计算管段排水设计秒流量，单位为 L/s；

N_p——计算管段的卫生器具排水当量总数；

q_{max}——计算管段上最大一个卫生器具的排水流量，单位为 L/s；

α——根据建筑物用途而定的系数，可以根据表 6-17 来选择确定。

当计算所得流量值大于该管段上按卫生器具排水流量的累加值时，需要根据卫生器具排水流量的累加值来计算。

表 6-17　根据建筑物用途选择系数 α 值

建筑物	宿舍（Ⅰ、Ⅱ类）、住宅、宾馆、酒店式公寓、医院、疗养院、幼儿园、养老院的卫生间	旅馆与其他公共建筑的盥洗室、卫生间
α 值	1.5	2.0~2.5

6.12　体育场馆等生活管道排水设计秒流量

宿舍（Ⅲ、Ⅳ类）、工业企业生活间、公共浴室、洗衣房、职工食堂、营业餐厅的厨房、实验室、影剧院、体育场馆等建筑的生活管道排水设计秒流量，可以根据下式来计算：

$$q_p = \sum q_o n_o b$$

式中　q_o——同类型的一个卫生器具排水流量，单位为 L/s。

n_o——同类型卫生器具数。

b——卫生器具的同时排水百分数。冲洗水箱大便器的同时排水百分数，需要根据 12% 来计算。

当计算出的排水流量小于一个大便器排水流量时，需要根据一个大便器的排水流量来计算。

6.13　排水横管水力的计算

排水横管水力的计算，可以根据下列公式来计算：

$$q_p = Av$$

$$v = \frac{1}{n} R^{2/3} I^{1/2}$$

式中　A——管道在设计充满度的过水断面，单位为 m^2；

v——速度，单位为 m/s；

R——水力半径，单位为 m；

I——水力坡度，采用排水管的坡度；

n——粗糙系数。其中，塑料管粗糙系数为 0.009，铸铁管粗糙系数为 0.013，混凝土管、钢筋混凝土管粗糙系数为 0.013~0.014，钢管粗糙系数为 0.012。

6.14　化粪池有效容积的计算

化粪池有效容积，一般为污水部分与污泥部分容积之和，可根据下列公式来计算：

$$V = V_w + V_n$$

$$V_w = \frac{m b_f q_w t_w}{24 \times 1000}$$

$$V_n = \frac{m b_f q_n t_n (1 - b_x) M_s \times 1.2}{(1 - b_n) \times 1000}$$

式中　V_w——化粪池污水部分容积，单位为 m^3；

V_n——化粪池污泥部分容积，单位为 m^3；

t_w——污水在池中停留时间，单位为h，需要根据污水量来确定，一般采用12~24h；

q_w——每人每日计算污水量，单位为L/（人·天），具体见表6-18；

q_n——每人每日计算污泥量，单位为L/（人·天），具体见表6-19；

t_n——污泥清掏周期，应根据污水温度和当地气候条件确定，一般采用（3~12）个月；

b_x——新鲜污泥含水率，可以根据95%来计算；

b_n——发酵浓缩后的污泥含水率，可以根据90%来计算；

M_s——污泥发酵后体积缩减系数，一般取0.8；

1.2——清掏后遗留20%的容积系数；

m——化粪池服务总人数；

b_f——化粪池实际使用人数占总人数的百分数，可以根据表6-20来确定。

表6-18 化粪池每人每日计算污水量

分类	分类生活污水与生活废水合流排入	生活污水单独排入
每人每日污水量 /[L/（人·天）]	(0.85~0.95) 用水量	15~20

表6-19 化粪池每人每日计算污泥量 （单位：L/（人·天））

建筑物分类	生活污水与生活废水合流排入	生活污水单独排入
人员逗留时间大于 4h 并小于等于 10h 的建筑物	0.3	0.2
人员逗留时间小于等于 4h 的建筑物	0.1	0.07
有住宿的建筑物	0.7	0.4

表6-20 化粪池使用人数百分数

建筑物名称	百分数 (%)
办公楼、教学楼、试验楼、工业企业生活间	40
宿舍、住宅、旅馆	70
医院、疗养院、养老院、幼儿园（有住宿）	100
职工食堂、餐饮业、影剧院、体育场（馆）、商场、其他场所（按座位）	5~10

6.15 雨水流量的计算

雨水流量的计算，可以根据下式来计算：

$$q_y = \frac{q_j \psi F_w}{10000}$$

式中　q_y——设计雨水流量，单位为L/s；

q_j——设计暴雨强度，单位为L/（s·hm²）；

ψ ——径流系数；

F_w ——汇水面积，单位为 m²。

当采用天沟集水且沟沿溢水会流入室内时，则计算暴雨强度需要乘以 1.5 的系数。

6.16 居住小区雨水管道降雨历时的计算

建筑屋面、建筑物基地、居住小区的雨水管道的降雨历时计算，可以根据下列规定来确定：

（1）屋面雨水排水管道的降雨历时，需要根据 5 min 来计算。

（2）居住小区雨水管道降雨历时，可以根据下式来计算：

$$t=t_1+Mt_2$$

式中　t ——降雨历时，单位为 min；

t_2 ——排水管内雨水流行时间，

单位为 min；

t_1 ——地面集水时间，单位为 min，具体根据距离长短、地形坡度、地面铺盖情况而确定，可选为 5~10min；

M ——折减系数，小区支管、接户管：$M=1$；小区干管：暗管 $M=2$；明沟：$M=1.2$。

6.17 设有集中热水供应系统的居住小区的设计小时耗热量的计算

设有集中热水供应系统的居住小区的设计小时耗热量，可以根据下列方法来计算：

（1）当居住小区内配套公共设施的最大用水时时段与住宅的最大用水时时段一致时，可以根据两者的设计

小时耗热量叠加来计算。

（2）当居住小区内配套公共设施的最大用水时时段与住宅的最大用水时时段不一致时，可以根据住宅的设计小时耗热量与配套公共设施的平均小时耗热量叠加来计算。

6.18 全日供应热水的宿舍等建筑的集中热水供应系统设计小时耗热量的计算

全日供应热水的宿舍（Ⅰ、Ⅱ）、住宅、别墅、酒店式公寓、招待所、幼儿园、托儿所（有住宿）、培训中心、旅馆、宾馆的客房（不含员工）、医院住院部、养老院、办公楼等建筑的集中热水供应系统设计小时耗热量，可以根据下式来计算：

$$Q_h=K_h\frac{mq_rC(t_r-t_1)\rho_r}{T}$$

式中　Q_h ——设计小时耗热量，单位为 kJ/h；

m ——用水计算单位数，单位

为人数或床位数；

q_r ——热水用水定额，单位为 L/(人·天)或 L/(床·天)；

C ——水的比热，$C=4.187$kJ/(kg·℃)；

t_r ——热水温度，$t_r=60$℃；

t_1 ——冷水温度；

ρ_r ——热水密度，单位为 kg/L；

T ——每日使用时间，单位为 h；

K_h ——小时变化系数，可以根据表 6-21 来选择。

表 6-21　热水小时变化系数 K_h 值

类别	住宅	别墅	酒店式公寓	宿舍（Ⅰ、Ⅱ类）	招待所中心、普通旅馆	宾馆	医院	幼儿园托儿所	养老院
热水用水定额/[L/（人·天）]或[L/（床·天）]	60~100	70~110	80~100	40~80	25~50 40~60 50~80 60~100	120~160	60~100 70~130 110~200 100~160	20~40	50~70
使用人（床）数	100~6000	100~6000	150~1200	150~1200	150~1200	150~1200	50~1000	50~1000	50~1000
K_h	2.75~4.8	2.47~4.21	2.58~4.00	3.20~4.80	3.00~3.84	2.60~3.33	2.56~3.63	3.20~4.80	2.74~3.20

　　K_h 需要根据热水用水定额高低、使用人（床）数多少来取值。当热水用水定额高、使用人（床）数多时，取低值。反之，K_h 取高值。使用人（床）数小于等于下限值及大于等于上限值的，K_h 就取下限值及上限值，中间值可以用内插法来计算得到。

6.19　定时供应热水的住宅等建筑的集中热水供应系统设计小时耗热量的计算

　　定时供应热水的宿舍（Ⅲ、Ⅳ类）、住宅、旅馆、医院、工业企业生活间、公共浴室、剧院化妆间、体育馆（场）运动员休息室等建筑的集中热水供应系统设计小时耗热量，可以根据下式来计算：

$$Q_h = \sum q_h(t_r - t_1)\rho_r n_o b C$$

式中　Q_h——设计小时耗热量，单位为 kJ/h。

　　　　q_h——卫生器具热水的小时用水定额，单位为 L/h。

　　　　C——水的比热，$C=4.187(kJ/kg·℃)$。

　　　　t_r——热水温度，单位为℃。

　　　　t_1——冷水温度，单位为℃。

　　　　ρ_r——热水密度，单位为 kg/L。

　　　　n_o——同类型卫生器具数；

　　　　b——卫生器具的同时使用百分数，学校、剧院、工业企业生活间、公共浴室、体育馆（场）等的浴室内的淋浴器、洗脸盆，一般根据 100% 来计算；住宅一户设有多个卫生间时，可以根据一个卫生间来计算；住宅、旅馆、医院、疗养院卫生间内浴盆或淋浴器，可以根据 70%~100% 来计算，其他器具不计。但是，定时连续供水时间需要大于等于 2h。

6.20　设计小时热水量的计算

　　设计小时热水量，可以根据下式来计算：

$$q_{rh} = \frac{Q_h}{(t_r - t_1)C\rho_r}$$

式中　q_{rh}——设计小时热水量，单位 为 L/h；

　　　Q_h——设计小时耗热量，单位 为 kJ/h；

t_r——设计热水温度，单位 为℃；

t_1——设计冷水温度，单位 为℃。

6.21　全日热水供应系统的热水循环流量的计算

全日热水供应系统的热水循环流量的计算如下：

$$q_x = \frac{Q_s}{C\rho_r\Delta t}$$

式中　q_x——全日供应热水的循环流量，单位为 L/h；

　　　Q_s——配水管道的热损失，单位为 kJ/h，经计算来确定，可以根据单体建筑为 (3%~5%)Q_h。小区为 (4%~6%)Q_h 来计算；

Δt——配水管道的热水温度差，单位为℃。根据系统大小来确定，可以按单体建筑为 5~10℃；小区为 6~12℃。

6.22　机械循环热水供应系统水泵的扬程的计算

机械循环热水供应系统，其循环水泵的确定需要遵守下列一些规定：

水泵的扬程，可以根据下式来计算：

$$H_b = h_p + h_x$$

式中　H_b——循环水泵的扬程，单位为 kPa；

　　　h_p——循环水量通过配水管

网的水头损失，单位为 kPa；

h_x——循环水量通过回水管网的水头损失，单位为 kPa。

当采用半即热式水加热器、快速水加热器时，水泵扬程需要计算水加热器的水头损失。

6.23　管道直饮水系统配水管的设计秒流量

管道直饮水系统配水管的设计秒流量，可以根据下式来计算：

$$q_g = mq_o$$

式中　q_g——计算管段的设计秒流量，单位为 L/s；

　　　q_o——饮水水嘴额定流量，q_o=0.04~0.06L/s；

　　　m——计算管段上同时使用饮水水嘴的数量。当计

算管段上饮水水嘴数量 $n_o \leqslant 24$ 个时，同时使用数量 m，可以根据表 6-22 来取值。当计算管段上饮水水嘴数量 n_o > 24 个时，同时使用数量 m，可以根据表 6-23 来取值。

表 6-22　计算管段上饮水水嘴数量 $n_o \leqslant 24$ 个时的 m 值

小嘴数量 n_o/ 个	1	2	3~8	9~24
使用数量 m/ 个	1	2	3	4

表 6-23　计算管段上饮水水嘴数量 $n_o > 24$ 个时的 m 值

p_o \ m \ n_o	0.010	0.015	0.020	0.025	0.030	0.035	0.040	0.045	0.050	0.055	0.060	0.065	0.070	0.075	0.080	0.085	0.090	0.095	0.100
25	—	—	—	—	—	4	4	4	4	5	5	5	5	5	6	6	6	6	6
50	—	—	4	4	5	5	6	6	7	7	7	8	8	9	9	9	10	10	10
75	—	4	5	6	6	7	8	8	9	10	10	11	11	12	13	13	14	14	14
100	4	5	6	7	8	9	10	11	11	12	13	13	14	15	16	16	17	17	18
125	4	6	7	8	9	10	11	13	13	14	15	16	17	18	18	19	20	20	21
150	5	6	8	9	10	11	12	13	14	15	16	17	18	19	20	21	22	23	24
175	5	7	8	10	11	12	14	15	16	17	18	20	21	22	23	24	25	26	27
200	6	8	9	11	12	14	15	16	18	19	20	22	23	24	25	27	28	29	30
225	6	8	10	12	13	15	16	18	19	21	22	24	25	27	28	29	31	32	34
250	7	9	11	13	14	16	18	20	21	23	24	25	27	29	31	32	34	35	37
275	7	9	12	14	15	17	19	21	23	25	26	28	30	31	33	35	36	38	40
300	8	10	12	14	16	18	20	22	24	25	28	30	32	34	36	37	39	41	43
325	8	11	13	15	18	20	22	24	26	28	30	32	34	36	38	40	42	44	46
350	8	11	14	16	19	21	23	25	28	30	32	34	36	38	40	42	45	47	49
375	9	11	14	17	19	22	24	27	29	32	34	36	38	41	43	45	47	49	52
400	9	12	15	18	21	23	26	28	31	33	36	38	40	43	45	48	50	52	55
425	10	13	16	19	22	24	27	30	32	35	37	40	43	45	48	50	53	55	57
450	10	13	17	20	23	25	30	34	37	39	42	45	47	50	52	55	55	58	60
475	10	14	17	20	24	27	30	33	36	38	41	44	47	50	52	55	58	61	63
500	11	14	18	21	25	28	31	34	37	40	43	46	49	52	55	58	60	63	66

注：当 n_o 值与表中数据不符时，可用差值法来求得 m。

水嘴同时使用概率，可以根据下式来计算：

$$p_o = \frac{\alpha q_d}{1800 n_o q_o}$$

式中　α ——经验系数。住宅楼经验系数一般取 0.22，办公楼经验系数一般取 0.27，教学楼经验系数一般取 0.45，旅馆经验系数一般取 0.15；

q_d ——系统最高日直饮水量，单位为 L/d；

n_o ——水嘴数量，单位为个；

q_o ——水嘴额定流量。

6.24　给水管的计算

给水管的计算，当计算出供水管网中各段的最大用水量后，则可以根据供水管中水的经济流速 $V =$（1.5~2.0m/s）查表，来选择经济流速范围内的标准规格的供水管或与之接近的供水管。给水钢管计算表见表 6-24。

表 6-24　给水钢管计算表

管径 d/mm		25		40		50		70		80	
流量 q		τ	v	τ	v	τ	v	τ	v	τ	v
(L/s)	(t/h)										
0.2	0.72	21.30	0.38								
0.4	1.44	44.20	0.56	5.42	0.24						
0.6	2.16	159.00	1.13	18.40	0.48	5.16	0.28				
0.8	2.88	279.00	1.51	31.40	0.64	8.52	0.38	2.53	0.23		
1.0	3.60	437.00	1.88	47.30	0.80	12.90	0.47	3.76	0.28	1.64	0.20
1.2	4.32	629.00	2.26	66.30	0.95	18.00	0.56	5.18	0.34	2.27	0.24
1.4	5.04	856.00	2.64	88.40	1.11	23.70	0.66	6.83	0.40	2.97	0.28
1.6	5.76	1118.00	3.01	114.00	1.27	30.40	0.75	8.70	0.45	3.79	0.32
1.8	6.48			144.00	1.43	37.80	0.85	10.70	0.51	4.66	0.36
2.0	7.20			178.00	1.59	46.00	0.94	13.00	0.57	5.62	0.40
2.6	9.36			301.00	2.07	74.90	1.22	21.00	0.74	9.03	0.52
3.0	10.80			400.00	2.39	99.80	1.41	27.44	0.85	11.70	0.60
3.6	12.96			577.00	2.86	144.00	1.69	38.40	1.02	16.30	0.72
4.0	14.40					177.00	1.88	46.80	1.13	19.80	0.81
4.6	16.56					235.00	2.17	61.20	1.30	25.70	0.93
5.0	18.00					277.00	2.35	72.30	1.42	30.00	1.01
5.6	20.16					348.00	2.64	90.70	1.59	37.00	1.13
6.0	21.60					399.00	2.82	104.00	1.70	42.10	1.21

注：v 表示为流速，单位为 m/s；τ 表示为单位管长水头损失，单位为 m/km 或 mm/m。

另外，给水管的确定，也可以通过下列公式来计算：

$$D_i = \sqrt{\frac{4000Q_i}{\pi v}}$$

式中　D_i——某一管段的供水直径，单位为 mm；

Q_i——该管段的用水量，单位为 L/s；

v——管网中水流速度，单位为 m/s。一般取经济流速 1.5~2.0m/s。

根据计算得到的某一管段的最大用水量 Q_i，然后将 $v=1.5$m/s 与 2.0m/s，分别代入公式中，则可以计算出两个管径。然后选择两个计算管径中间的标准规格的水管即可。如果没有该种规格的水管，则也可以选择直径接近的水管。

流量、流速及其管道内径三者间的关系如下：

$$Q = \frac{\pi D^2}{4} \cdot 3600v \text{（m}^3\text{/h）}$$

式中　Q——流量；

D——管道内径，单位为 m；

v——流速，单位为 m/s。

6.25　管道绝热、防潮与保护层的计算

管道绝热、防潮与保护层的计算如下：

$$V = \pi(D+1.033\delta) \times 1.033\delta L$$
$$S = \pi(D+2.1\delta+0.0082)L$$

式中 D ——直径，单位为 m；

1.033、2.1 ——调整系数；

δ ——绝热层厚度，单位为 m；

L ——设备筒体或管道长，单位

为 m；

0.0082 ——捆扎线直径或钢带厚，单位为 m。

6.26 天沟断面与落水管每一个落水口所分担雨水量的计算

天沟的集水面积的计算如下：

$$A_r=BL（m^2）$$

式中 A_r ——天沟的集水面积；

L ——屋面长度，单位为 m；

B ——屋面宽度，单位为 m。

天沟的雨水量的计算如下：

$$Q_r=A_rI\times 10^{-3}/3600（m^3/s）$$

式中 I ——降雨强度，单位为 mm/h。

Q_r ——天沟的雨水量。

说明：（1）天沟由 1000mm 宽板

折成。

（2）计算内天沟时，L 可以用 L_1 来取代。天沟的特点图例如图6-2所示。

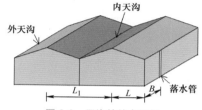

图 6-2　天沟的特点图例

6.27 天沟排水量的计算

天沟排水量的计算如下：

$$Q_g=A_gV_g=A_gR^{2/3}S^{1/2}/n$$

$$A_g=WH_w$$

$$R=A_g/(W+2H_w)$$

式中 A_g ——天沟排水面积，单位为 m^2；

V_g ——天沟排水速度，单位为 m/s；

R ——水力半径，单位为 m；

S ——天沟泄水坡度，一般为 1/1000；

n ——摩擦系数，一般为 0.0125；

W ——天沟宽度，单位为 m；

H_w ——设计最大水深，单位为 m，一般取 0.8H；

H ——天沟深度，单位为 m。

说明：上述计算中，当 $Q_g>Q_r$ 时，天沟排水满足要求。天沟断面图例如图6-3所示。

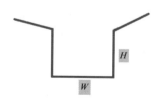

图 6-3　天沟断面图例

6.28 天沟断面与落水管的计算

天沟断面与落水管的计算如下：

$$Q_d=mA_d(2gH_w)^{1/2}（m^3/s）$$

式中 m ——落水管支数；

A_d ——落水口面积，单位为 m^2；

H_w ——天沟最大水深，单位

为 m；

g —— 重力加速度，一般
为 $9.8m/s^2$。

$$A_d=\pi R^2, d=2R$$

式中 R —— 落水管半径，单位为 m；

d —— 落水管直径，单位为 m。

当 $Q_d>Q_r$ 时，使用的落水管的管径合适，Q_r 为天沟的雨水量。

$$F=438D^2/H$$

式中 F —— 尾面单根落水管允许集水面积（水平投影面积），单位为 m^2；

D —— 落水管管径，单位为 cm；

H —— 每水时最大降水量，单位为 mm/h。

另外工程实践中，设置落水管

间的距离（天沟内流水距离）一般以 10~15m 为宜。

【举例】 一矩形单坡平屋顶建筑 $i=2\%$，轴线尺寸为 36m×6m，墙厚 240mm。该地区每小时最大降雨量 200mm/h，如果采用直径为 100mm 的落水管，则其数量需要多少个？

解：

首先计算该屋顶汇水面积

$(36-0.24)×(6-0.24)≈206(m^2)$

计算单根落水管的集水面积

$438×10^2÷200=219(m^2)$

根据计算公式落水管只需

$206÷219≈1(根)$

根据适用间距要求的根数字

$[(36-0.24)÷15]+1≈3.38(根)$

因此，需要 4 根。

6.29 水泵的管道压力损失的计算

水泵的管道系统，包括管路及其附件等。管路水头损失包括管道沿程水头损失、局部水头损失等。水泵的管道水头损失的计算如下：

$$\sum h=\sum h_f+\sum h_j=\sum [\lambda(\iota/d)(v^2/2g)]+\sum \zeta(v^2/2g)$$

式中 $\sum h$ —— 管道水头损失，单位为 m；

$\sum h_f$ —— 管道沿程水头损失，单

位为 m；

$\sum h_j$ —— 管道局部水头损失，单位为 m；

ζ —— 局部水头损失系数；

v —— 管道中水流的平均流速，单位为 m/s；

ι —— 管道长度，单位为 m；

d —— 管道直径，单位为 m；

λ —— 沿程阻力系数。

6.30 节点设计流量分配的计算

用水流量分配 —— 为了进行给水管网的细部设计，必须将总流量分配到系统中去，也就是将最高日用水流量分配到每条管段和各个节点上去。

节点流量 —— 从沿线流量计算得出的，以及假设是在节点集中流出的流量。

分散流量 —— 沿线众多小用户用水，一般情况复杂。

集中流量 —— 从一个点取得用水，一般适用用水量较大的用户。

集中流量的计算公式如下：

$$q_{ni}=\frac{K_{hi}Q_{di}}{86.4}(L/s)$$

式中 q_{ni} —— 各集中用水户的集中流量，单位为 L/s；

Q_{di} —— 各集中用水户最高日用

水量，单位为 m^3/ 天；

K_{hi} ——时变化系数；

沿线流量 ——干管有效长度与比流量的乘积，计算如下：

$$q_l=q_s l$$

式中 l ——管段配水长度，不一定等于实际管长，单侧配水，为实际管长的一半，无配水的输水管，配水长度为 0 ；

比流量 ——为了简化计算，除去大用户集中流量外的用水量，均匀地分配在全部有效的干管长度上。由此计算出的单位长度干管承担的供水量。

长度比流量的计算如下：

$$q_s=\frac{Q-\sum q}{\sum l}$$

面积比流量的计算如下：

$$q_s=\frac{Q-\sum q}{\sum A}$$

6.31　管段直径的计算

管段直径与设计流量的关系计算如下：

$$q=Av=\frac{\pi D^2}{4}v$$

$$D=\sqrt{\frac{4q}{\pi v}}$$

式中 D ——管段直径，单位为 m ；

q ——管段流量，单位为 m^3/s ；

v ——流速，单位为 m/s ；

A ——水管断面积，单位为 m^2 。

确定管径前，先选定好设计流速。设计流速的确定如下：

技术上，为了防止水锤现象，$v_{max}<2.5$~3m/s ；

为了避免沉积，$v_{min}>0.6$m/s。

经济上，设计流速小，管径大，管网造价增加；

水头损失减小，水泵扬程降低，电费降低。

一般设计流速可以采用优化法求得。合理的流速，一般要使得在一定年限内管网造价与运行费用之和最小。

一定年限 T 年内管网造价和管理费用之和为最小的流速，称为经济流速。经济流速与经济管径、当地的管材价格、管线施工费用、电价等有关。条件不具备时，经济流速可以参考表 6-25。

表 6-25　经济流速参考表

管径 /mm	平均经济流速 /（m/s）
D=100~400	0.6~0.9
$D \geqslant 400$	0.9~1.4

6.32　泵站扬程与水塔高度的计算

完成工况水力分析后，泵站扬程可以根据所在管段的水力特性来确定。

泵站扬程的计算如下：

$$h_{pi}=(H_{Ti}-H_{Fi})+(h_{fi}+h_{mi})$$

式中 H_{Fi}——泵站所在管段起端节点水头；

H_{Ti}——终端节点水头；

h_{fi}——沿程水头损失；

h_{mi}——局部水头损失。

局部损失可以忽略不计，上式也可以写为如下形式：

$$h_{pi}=(H_{Ti}-H_{Fi})+\frac{kq_i^n}{D_i^m}l_i$$

tips：泵站扬程和水塔高度确定步骤：设计流量→经济流速→管径确定→压降确定→控制点确定→泵站扬程和水塔高度确定。

6.33 餐饮隔油器处理水量的计算

餐饮隔油器处理水量的计算如下：

已知用餐人数及用餐类型

$$Q_{h1}=\frac{Nq_oK_hK_sV}{1000t}$$

已知餐厅面积及用餐类型

$$Q_{h2}=\frac{Sq_oK_hK_sV}{S_s1000t}$$

式中 Q_{h1}、Q_{h2}——小时处理水量，单位为 m^3/h；

N——餐厅的用餐人数，单位为人；

t——用餐历时，单位为 h；

S——餐厅、饮食厅的使用面积，单位为 m^2；

S_s——餐厅、饮食厅每个座位最小使用面积，单位为 m^2；

q_o——最高日生活用水定额，单位为 L/（人·餐）；

V——用水量南北地区差异系数；

K_h——小时变化系数；

K_s——秒时变化系数。

其中，餐饮业设计水量计算参数见表 6-26。餐厅与饮食厅每座最小使用面积见表 6-27。

表 6-26　餐饮业设计水量计算参数表

用水项目名称	单位	最高日生活用水定额 q_o/[L/（人·餐）]	用水量南北地区差异系数 V	用餐历时 /h	小时变化系数 K_h	秒时变化系数 K_s
中餐酒楼	每顾客每次	40~60	1.0~1.2	4	1.2~1.5	1.1~1.5
快餐店、职工及学生食堂		20~25				
酒吧、咖啡馆、茶座、卡拉OK房		5~15				

表 6-27　餐厅与饮食厅每座最小使用面积

类别	餐厅餐馆 /(m²/座)	饮食店、饮食厅 /(m²/座)	食堂餐厅 /(m²/座)
一	1.30	1.30	1.10
二	1.10	1.10	0.85
三	1.00	—	—

6.34　电力负荷设备功率的计算

电力负荷设备功率的计算见表6-28。

表 6-28　电力负荷设备功率的计算

设备	计　算
连续工作制电动机	连续工作制电动机的设备功率等于额定功率
短时或周期工作制电动机	电动机功率是将额定功率换算为统一负载持续率下的有功功率 采用需要系数法计算负荷时，应将额定功率统一换算到负载持续率 ε_r 为 25% 时的有功功率： $$P_e = P_r \sqrt{\frac{\varepsilon_r}{0.25}} = 2P_r\sqrt{\varepsilon_r}\ (kW)$$ P_r——用电设备的额定功率； P_e——统一负载持续率下的有功功率，即设备功率
电焊机	电焊机的设备功率是将额定容量换算到负载持续率 ε_r 为 100% 时的有功功率： $$P_e = S_r\sqrt{\varepsilon_r}\cos\phi\ (kW)$$ 式中　S_r——电焊机的额定容量，单位为 kVA； 　　　　$\cos\phi$——功率因数
电炉变压器	电炉变压器的设备功率是指额定功率因数时的有功功率： $$P_e = S_r\cos\phi\ (kW)$$ 式中　S_r——电炉变压器的额定容量，单位为 kVA
整流器	整流器的设备功率是指额定直流功率
成组用电设备	成组用电设备的设备功率是指不包括备用设备在内的所有单个用电设备的设备功率之和
灯	白炽灯的设备功率为灯泡额定功率，气体放电灯设备功率为灯管额定功率加上镇流器的功率损耗（荧光灯加 20%，荧光高压汞灯和高压钠灯及镝灯加 8%）

6.35　电力负荷无功功率补偿的计算

功率因数的要求如图6-4所示。

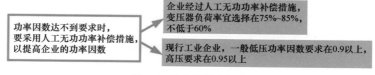

图 6-4　功率因数的要求

无功功率补偿的计算公式如下：
企业视在容量的计算

$$S_{js} = \frac{P_{js}}{\cos\phi} = \frac{P_{js}}{0.9}\ (kVA)$$

$\cos\phi = 0.9$ 时无功功率的计算

$$Q_{js1} = \sqrt{S_{js}^2 - P_{js}^2} = \sqrt{\left(\frac{P_{js}}{0.9}\right)^2 - P_{js}^2}\ (kvar)$$

$\cos\phi = 0.9$ 时所需的无功补偿容量的计算

$$Q_{js2}=Q_{js}-Q_{js1} \text{ (kvar)}$$

式中　P_{js} ——计算总有功功率，单位
为 kW ；

Q_{js} ——计算总无功功率，单位
为 kvar ；

S_{js} ——计算总视在功率，单位

为 kVA ；

Q_{js1} ——功率因数达到 0.9 时无
功功率，单位为 kvar ；

Q_{js2} ——功率因数达到 0.9 时所
需的无功容量，单位为
kvar。

6.36　电力负荷单相负荷一般方法的计算

电力负荷单相负荷一般方法的计算如图 6-5 所示。

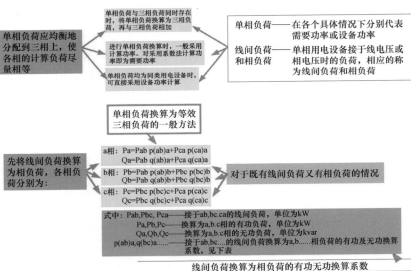

图 6-5　电力负荷单相负荷一般方法的计算

6.37　电力负荷单相负荷简化方法的计算

电力负荷单相负荷简化方法的计算如图 6-6 所示。

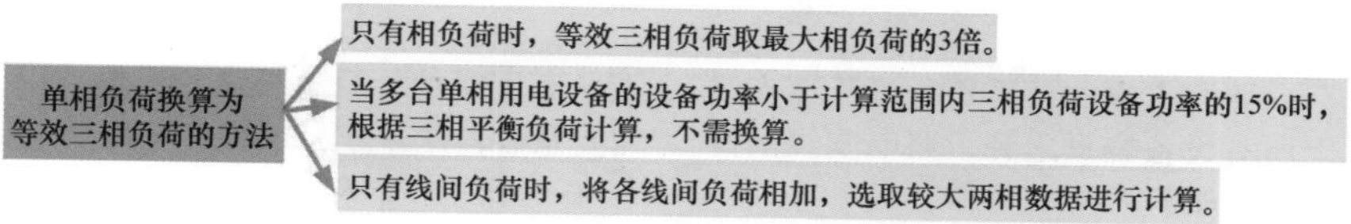

只有相负荷时，等效三相负荷取最大相负荷的3倍。

单相负荷换算为
等效三相负荷的方法

当多台单相用电设备的设备功率小于计算范围内三相负荷设备功率的15%时，根据三相平衡负荷计算，不需换算。

只有线间负荷时，将各线间负荷相加，选取较大两相数据进行计算。

图6-6　电力负荷单相负荷简化方法的计算

【举例】　以 $P_{ab} \geqslant P_{bc} \geqslant P_{ca}$ 为例进行计算：

$P_d=\sqrt{3}\,P_{ab}+(3-\sqrt{3})P_{bc}=1.73P_{ab}+1.27P_{bc}$

$P_{ab}=P_{bc}$ 时：$P_d=3P_{ab}$

只有 P_{ab} 时：$P_d=\sqrt{3}\,P_{ab}$

式中　P_{ab}、P_{bc}、P_{ca}——接于 ab，bc，ca 线间负荷，单位为 kW；

P_d——等效三相负荷，单位为 kW。

6.38　设备容量的计算

热辐射型电光源，其设备容量是电光源的标称功率。照明设备容量的计算如下：

$$P_e=P_n$$

式中　P_e——照明设备的容量；

P_n——电光源的标称功率。

气体放电型电光源，其设备容量是电光源的标称功率与镇流器的耗损之和。气体放电型电光源容量的计算如下：

$$P_e=P_n(1+a)$$

式中　P_e——照明设备容量；

P_n——电光源的标称功率；

a——电感镇流器的损耗系数。

气体放电灯功率因数与电感镇流器损耗系数见表6-29。

表6-29　气体放电灯功率因数与电感镇流器损耗系数

光源种类	额定功率 /W	功率因数 $\cos\phi$	电感镇流器损耗系数
低压钠灯	18~180	0.06	0.2~0.8
高压汞灯	1000	0.65	0.05
高压汞灯	400	0.60	0.05
高压汞灯	250	0.56	0.11
高压汞灯	125	0.45	0.25
高压钠灯	250~400	0.4	0.18
金属卤化物灯	1000	0.45	0.14
荧光灯	40	0.53	0.2
荧光灯	30	0.42	0.26

照明线路上的插座，如果没有具体设备接入时，可以根据100W来计算。计算机较多的办公室插座，可以根据150W来计算。自镇式气体放电灯的设备容量为其标称功率。

6.39 照明线路负荷的计算

照明支线的计算负荷等于该支线上所有设备容量之和。照明支线的计算负荷如下：

$$P_{1j}=\sum P_e$$

式中　P_{1j}——支线计算负荷；

$\sum P_e$——该支线上所有设备容量之和。

照明干线的计算负荷等于该干线上所有支线的计算负荷之和，再乘以需要系数，计算方法如下：

$$P_{2j}=K_c\sum P_{1j}$$

式中　P_{2j}——干线计算负荷。

P_{1j}——支线计算负荷。

K_c——干线需要系数。民用建筑照明负荷参考需要系数见表6-30。

表6-30　民用建筑照明负荷参考需要系数

建筑物名称	需要系数 K_c	说　明
单宿楼	0.6~0.7	一开间内1~2盏灯，2~3个插座
发展与交流中心	0.6~0.7	
高级餐厅	0.7~0.8	
高级住宅楼	0.6~0.7	
教学楼	0.8~0.9	三开间内6~11盏灯，1~2个插座
科研楼	0.8~0.9	一开间内2盏灯，2~3个插座
食堂、餐厅	0.8~0.9	
图书馆	0.6~0.7	
托儿所、幼儿园	0.8~0.9	
小型商业、服务业用房	0.85~0.9	
一般办公楼	0.7~0.8	一开间内2盏灯，2~3个插座
一般住宅楼——100户以上	0.4	单元式住宅，多数为每户两室，两室户内插座为6~8个，装户表
一般住宅楼——20~50户	0.5~0.6	单元式住宅，多数为每户两室，两室户内插座为6~8个，装户表
一般住宅楼——20户以下	0.6	单元式住宅，多数为每户两室，两室户内插座为6~8个，装户表
一般住宅楼——50~100户	0.4~0.5	单元式住宅，多数为每户两室，两室户内插座为6~8个，装户表
综合商业、服务楼	0.75~0.85	

6.40 线路电流的计算

线路中的计算电流，需要根据计算负荷来计算。当照明线路上的光源为一种时，可以根据下式来计算电流：

单相线路

$$I_j=\frac{P_j}{U_p\cos\phi}$$

三相线路

$$I_j=\frac{P_j}{\sqrt{3}\,U_L\cos\phi}$$

式中　P_j——计算负荷；

$\cos\phi$——线路功率因数；

I_j——线路计算电流；

U_P——线路相电压；

U_L——线路线电压。

【举例】 一装修工程的分配电箱所带的负荷如图 6-7 所示，从分配电箱引出三条支线，分别为带电感镇流器的 40W 荧光灯为 10 只、12 只、10 只，100W 白炽灯 15 只、13 只、14 只，则干线的计算电流是多少？

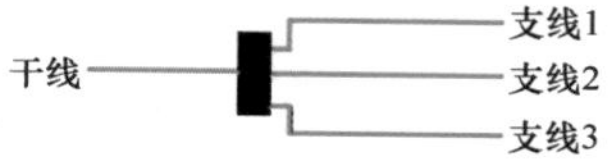

图 6-7　一装修工程的分配电箱所带的负荷

解：（1）荧光灯的计算如下：

设备容量为 $P_e=P_n(1+a)=40(1+0.2)=48W$

支线 1 计算负荷为 $P_{1j21}=\sum P_e=10\times48=480W$

支线 2 计算负荷为 $P_{1j22}=\sum P_e=12\times48=576W$

支线 3 计算负荷为 $P_{1j23}=\sum P_e=10\times48=480W$

干线有功计算负荷为 $P_{2j2}=$

$K_c\sum P_{1j2}=0.8（480+576+480）=1229W$

（2）白炽灯的计算如下：

根据设备容量为 $P_e=P_n=100W$

支线 1 计算负荷为 $P_{1j11}=\sum P_e=15\times100W=1500W$

支线 2 计算负荷为 $P_{1j12}=\sum P_e=13\times100W=1300W$

支线 3 计算负荷为 $P_{1j13}=\sum P_e=14\times100W=1400W$

干线有功计算负荷为 $P_{2j1}=K_c\sum P_{1j1}=0.8（1500+1300+1400）=3360W$

（3）干线总有功计算负荷如下：

$P_{2j}=P_{2j1}+P_{2j2}=3360+1229=4589W$

查表得知荧光灯功率因数为 0.53，则干线总无功计算负荷如下：

$Q_{2j}=Q_{2j1}+Q_{2j2}$

$=0+1229\times\tan(\arccos0.53)$

$=1966var$

干线的计算电流如下：

$$I_j=\frac{P_{2j}}{U_P\cos\phi_1}=\frac{4589}{220\times\dfrac{4589}{\sqrt{4589^2+1966^2}}}\approx22.7A$$

因此，干线的计算电流是 22.7A。

6.41　导线截面选择的计算

导线截面的选择，需要根据机械强度来进行（可以通过查相关表）、根据发热条件进行（可以通过查相关表）、与保护设备相适应（可以通过查相关表）、根据允许电压损失来选择。其中，与保护设备相适应的要求如下：

$$I_y\geqslant I_{保}\geqslant I_j$$

式中　I_y——导线的允许载流量；

$I_{保}$——保护设备的额定电流；

I_j——计算电流。

根据允许电压损失来选择的要求如下：

$$\Delta U\%=\frac{P_jL}{CS}$$

式中　P_j——计算负荷；

L——线路长度；

S——线缆截面积；

C——电压损失计算系数，由线路相数、额定电压、导线材料的电阻率等决定，具体见表 6-31。

$U_N\leqslant 35kV$ 时，　±5%U_N

$U_N\leqslant 10kV$ 时，　±7%U_N

$U_N\leqslant 380kV$ 时，　±（5%~10%）U_N

表 6-31 电压损失计算系数

线路类型电流种类	线路额定电压 /V	系数 C 值	
		铝线	铜线
三相四线制	380/220	46.3	77
单相交流或直流	220	7.75	12.8
	110	1.9	3.2

6.42 金融建筑与 UPS 匹配的发电机组容量选择的计算

UPS 的输入端功率，可以根据下式来计算：

$$P_{UPSin} = \frac{P_{UPSout}}{\eta} + P_{UPSpower}$$

式中 P_{UPSin} ——UPS 的输入功率，单位为 kW；

P_{UPSout} ——UPS 的额定输出功率，单位为 kW；

η ——UPS 系统的变换效率；

$P_{UPSpower}$ ——UPS 的充电功率，单位为 kW。

当 UPS 内置功率因数校正与谐波抑制元件时，可以只考虑 UPS 的效率与 UPS 系统的充电功率的影响。发电机组的输出功率，可以根据下式来计算：

$$P_g = KP_{UPSin}$$

式中 P_g ——发电机组输出的功率，单位为 kW；

K ——安全系数，取 1.1~1.2；

P_{UPSin} ——UPS 的输入功率，单位为 kW。

当 UPS 没有内置功率因数校正与谐波抑制元件时，需要考虑 UPS 功率因数与谐波的影响。发电机组的输出视在功率，可以根据下式来计算：

$$S_{UPSin} = \frac{P_{UPSout}}{PF}$$

$$PF = PF_{disp} \times PF_{dist}$$
$$S_{gout} = KS_{UPSin}$$

式中 S_{UPSin} ——UPS 的输入视在功率，单位为 kVA；

P_{UPSout} ——UPS 的额定输出功率，单位为 kW；

PF ——UPS 的输入功率因数（包括位移无功和畸变无功）；

PF_{disp} ——位移功率因数；

PF_{dist} ——畸变功率因数；

S_{gout} ——发电机组输出的视在功率，单位为 kVA；

K ——安全系数，取 1.1~1.2。

发电机组的电压畸变率，一般需要控制为 −5%~+5% 内。发电机组的总谐波电压畸变率，可以根据下式来计算：

$$THD_u = \sqrt{\frac{\sum U_n^2}{U_1}} = \sqrt{\frac{\sum (I_n Z)^2}{U_1}}$$

式中 THD_u ——总谐波电压畸变率；

U_n ——各次谐波电压；

U_1 ——电源基波电压；

I_n ——各次谐波电流；

Z ——发电机组电源内阻；

n ——谐波次数。

6.43 光纤耗损的计算

光纤耗损的计算图例如图 6-8 所示。

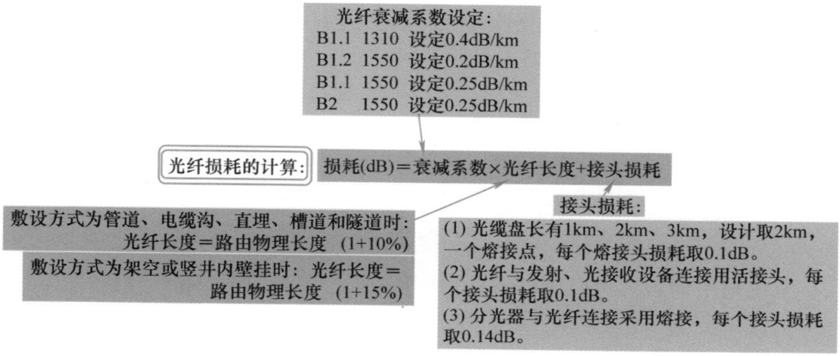

光纤衰减系数设定：
B1.1　1310　设定0.4dB/km
B1.2　1550　设定0.2dB/km
B1.1　1550　设定0.25dB/km
B2　　1550　设定0.25dB/km

光纤损耗的计算　损耗(dB)＝衰减系数×光纤长度+接头损耗

敷设方式为管道、电缆沟、直埋、槽道和隧道时：
光纤长度＝路由物理长度　(1+10%)

敷设方式为架空或竖井内壁挂时：光纤长度＝
路由物理长度　(1+15%)

接头损耗：
(1) 光缆盘长有1km、2km、3km，设计取2km，
一个熔接点，每个熔接头损耗取0.1dB。
(2) 光纤与发射、光接收设备连接用活接头，每
个接头损耗取0.1dB。
(3) 分光器与光纤连接采用熔接，每个接头损耗
取0.14dB。

图 6-8　光纤耗损的计算图例

6.44　扬声器在吊顶安装时的间距的计算

扬声器在吊顶安装时的间距的计算如下：

走道内扬声器箱间距估算：

$$L=(3\sim3.5)H$$

会议厅、多功能厅、餐厅内扬声器箱间距估算：

$$L=2(H-1.3)\text{tg}\theta/2$$

内厅、电梯厅、休息厅内扬声器箱间距估算：

$$L=(2\sim2.5)H$$

式中　L——扬声器箱安装间距，单位为m；

　　　H——扬声器箱安装高度，单位为m。

　　　θ——扬声器的辐射角度，一般要求扬声器的辐射角度等于或大于90°。

6.45　厅堂声压级计算

厅堂声压级计算如图6-9所示。

$$L_p=L_w+10\lg(Q/4\pi r^2+4/R)$$

$$L_w=10\lg(W/W_0)=10\lg W+120(\text{dB})$$

仅适用于室内声场分布均匀情况	
声源位置	Q 取值
房间中或舞台中	1
靠一边墙	2
靠一墙角	4
在三面交角上	8

式中　L_p——扬声器功率级，单位为dB；

　　　L_w——声源的功率级，单位为dB；

　　　W——声源声功率，单位为W；

　　　r——声源距测点的距离，单位为m；

　　　R——房间常数，单位为m²，$R=\dfrac{Sx}{1-x}$，S为室内总面积，x为平均吸声系数；

　　　Q——声源的指向性因数；

　　　W_0——基准功率，单位为W。

图 6-9　厅堂声压级计算

6.46 室内扬声器所需要功率的计算

扬声器所需功率的计算：

$$10 \lg W_E = L_p - L_s + 20 \lg r$$

式中　L_p —— 根据需要所选定的最大声压级，单位为 dB；

　　　W_E —— 扬声器的电功率，单位为 W；

　　　L_s —— 扬声器特性灵敏度级，单位为 dB；

　　　r —— 测点到扬声器的距离，单位为 m。

6.47 室内扬声器最远供声距离的计算

室内扬声器最远供声距离的计算如下：

$$r_m \leqslant 3 \sim 4 r_c$$

式中　r_c —— 临界距离，单位为 m，$r_c = 0.14 D(\theta)[QR]^{1/2}$(m)；

　　　Q —— 扬声器指向性因数；

　　　R —— 房间数，单位为 m^2；

　　　$D(\theta)$ —— 扬声器指向性系数。

6.48 广播系统功放设备的容量的计算

广播系统功放设备的容量计算：

$$P = K_1 K_2 \sum P_o$$
$$P_o = K_i P_i$$

式中　P —— 功放设备输出总电功率，单位为 W；

　　　P_o —— 每支路同时广播时最大电功率，单位为 W；

　　　P_i —— 第 i 支路的用户设备额定容量，单位为 W；

　　　K_i —— 第 i 支路的同时需要系数（服务性广播时，客房每套 K_i 取 0.2~0.4；背景音乐系统时，K_i 取 0.5~0.6；业务性广播时，K_i 取 0.7~0.8；火灾应急广播时，K_i 取 1.0）；

　　　K_1 —— 线路衰耗补偿系数（线路衰耗 1dB 时取 1.26，线路衰耗 2dB 时取 1.58）；

　　　K_2 —— 老化系数，一般取 1.2~1.4。

6.49 广播传输距离、负载功率、线路衰减、传输线路截面积间的关系计算

广播传输距离、负载功率、线路衰减、传输线路截面积间的关系计算如下。

$$S = \frac{2\rho LP}{U^2(10^{\gamma/20} - 1)}$$

式中　S —— 传输线路截面积，单位为 mm^2；

　　　P —— 负载扬声器总功率，单位为 W；

　　　ρ —— 传输线材电阻率，单位为 $\Omega \cdot mm^2/km$；

　　　U —— 额定传输电压，单位为 V；

　　　L —— 传输距离，单位为 km；

　　　γ —— 线路衰减，单位为 dB。

6.50　卫星电视接收天线的方位角和仰角的计算

接收赤道上空的卫星直播电视时，接收地点的方位角采用以正南方为基准，当计算的结果 a 为正值时，表示天线的方位角度应该是正南向西偏 a 角度，接收天线方位角 a 的计算：

$$a=\arctan\left(\frac{\tan\phi}{\operatorname{san}Q}\right)$$

接收天线仰角 δ 的计算：

$$\delta=\arctan\left[\frac{\cos Q\cos\phi-\dfrac{R}{R+h}}{\sqrt{1-(\cos Q\cdot\cos\phi)^2}}\right]$$

式中　R——地球的平均半径（6370km）；

h——卫星距地球高度（例如35.86km）；

Q——接收地面站的纬度，单位为度；

ϕ——相对经度差，单位为度，即包含地面站位置的子午线平面与卫星的垂直圈之夹角。

6.51　电视电缆在不同频率的衰减计算

电缆在不同频率的衰减情况近似计算：

$$\frac{L_e(\mathrm{dB})}{L_h(\mathrm{dB})}=\sqrt{\frac{f_e(\mathrm{MHz})}{f_h(\mathrm{MHz})}}$$

式中　L_e——同轴电缆相对应的低频端（f_e）的衰减量，单位为 dB；

L_h——同轴电缆相对应的高频端（f_h）的衰减量，单位为 dB。

有线电视系统射频同轴电缆的特性阻抗为 75Ω（200MHz 以下）。同轴电缆的温度系数约为是每增加 1℃时，其衰减量增加 0.2%。

6.52　视频监控镜头焦距的选择计算

视频监控镜头焦距的选择，可以根据视场大小与镜头到监视目标的距离等来确定，具体计算如图 6-10 所示。

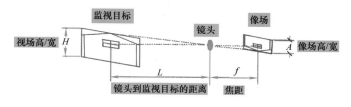

$$f=AL/H$$

式中　f——焦距，单位为mm；

A——像场高/宽，单位为mm；

L——镜头到监视目标的距离，单位为mm；

H——视场高/宽，单位为mm。

图 6-10　视频监控镜头焦距的选择计算

6.53 视频存储空间的计算

视频存储空间的计算如图 6-11 所示。

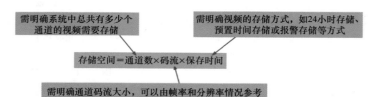

图 6-11 视频存储空间的计算

6.54 综合布线与避雷引下线交叉间距的计算

综合布线与避雷引下线交叉间距的计算如图 6-12 所示。

墙壁电缆敷设高度超过6000mm时，与避雷引下线的交叉间距计算：

$$S \geqslant 0.05L$$

式中 S—— 交叉间距，单位为mm；
L—— 交叉处避雷引下线距地面的高度，单位为m。

墙上敷设的综合布线缆线及管线与其他管线的间距		
其他管线	平行净距/mm	垂直交叉净距/mm
避雷引下线	1000	300
保护地线	50	20
给水管	150	20
压缩空气管	150	20
热力管(不包封)	500	500
热力管(包封)	300	300
煤气管	300	20

图 6-12 综合布线与避雷引下线交叉间距的计算